U0154150

# 聶Nien的 嗜酒 美學

# 目次

Contents

I dinnk
therefore i am:
a sommelier's guide
to wine.

# 當自己的侍酒師

　　並非為了建立專業權威，故意要嚇人，但葡萄酒確確實實是全世界最麻煩的飲料，特別是在非傳統產國的台灣島上，要像南歐的居民那般「自然天成」地享用葡萄酒，確實不太容易。但偏偏葡萄酒又是那般迷人，能為我們帶來最多的樂趣，我常想，不喝也許不會死，但也很難活得快樂。

　　一位侍酒師的職責除了為餐廳老闆賺錢外，正是要解決所有關於喝葡萄酒的麻煩事，諸如，在數以千百計的酒單中挑選剛好適飲，又能搭配場合與餐點的葡萄酒，或如將酒溫控制在最能表現酒香與均衡的溫度，選對的酒杯，適時適度的醒酒，甚至於連怎麼開瓶這些看似簡單的小細節，其實都暗藏著許多玄機。有侍酒師排除萬難，讓享用葡萄酒的過程變得容易許多，有時還能留下許多美妙的難忘經驗。在現實的生活裡，優秀的侍酒師難尋，即使真的有這樣的朋友，也無法時時刻刻守侍在旁，如果你開始覺得喝葡萄酒的時刻總是少了這一位可以幫忙的人，也許該開始試著學一點秘訣，讓自己成為自己的侍酒師。

葡 萄 酒 知 名 作 家
**林裕森** ”

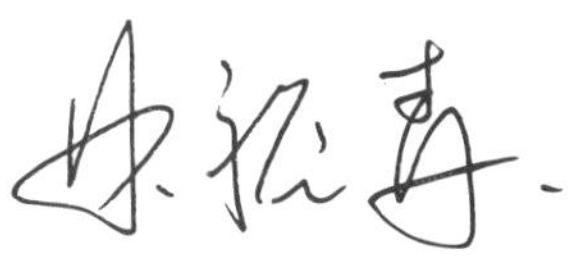

　　不論是來自法國或日本，再高明的外地侍酒師都
比不上一個跟汎勳一樣，從實際的專業工作中積累經
驗，還能將葡萄酒融入在地生活之中的專門家。透過
這本書，相當輕易地就能習得關於侍酒的實用經驗與
知識，很快地，你就會發現，就如同沒有人可以更瞭
解你自己，永遠隨侍在旁，其實，也沒有人可以比你
更適合當自己的侍酒師。

社 團 法 人 台 灣 侍 酒 師 協 會 會 長

洪 昌 維

# 值得期待！台灣侍酒師的未來

侍酒師——聶，終於要出書了，期待好久了！

坊間大多葡萄酒相關書籍都是知識類的參考書，而台灣市場也經過幾十年的教育推廣，多數人已多少具備葡萄酒的基本知識，甚或培養出一群葡萄酒大師。

**西洋的餐、飲文化中，有四項要件：**
**烹調技術、葡萄酒文化、用餐禮儀、西式餐飲服務技巧**

不管是廚藝技術專業的精進培養，或是烘焙點心，台灣的廚師們屢屢在國際發光發熱。但葡萄酒文化僅引進約二十年，這十年才逐漸受到關注，但西式餐飲服務技巧還是經常被忽略。直到近十年，侍酒師的專業在國外受到極大的認同與重視，在國內相關人士疾呼奔走之下，終於在2010年七月份正式成立了「社團法人台灣侍酒師協會」。

聶就是其中的推手之一，不僅熱心參與會內事務、擔任理事，更積極地為侍酒師教育到處演講和推廣。兩度參加台灣最佳侍酒師的比賽的聶，兩度拿到亞軍的榮耀，他具備豐富的葡萄酒知識、流暢俐落的侍酒服務，每每令人留下深刻印象。兩度代表台灣參加東南亞國際賽事，同樣獲得相當傲人的成績，更曾赴澳洲參賽，得到Penfolds酒廠冠軍。

豐富的經驗、熱心參與工作、謙虛的人生態度，都是一位侍酒師必備的條件，而在聶的身上一一驗證，也讓我看到台灣侍酒師未來的希望。

## 將味道與葡萄酒譜成精彩和弦

我得承認當年在南藝念研究所時，為了讓聶嚐點不一樣滋味而開的Cave de Tain l'Hermitage實在是非常值得，如果不是這瓶隆河葡萄酒，咱們的作者可能還繼續在喝啤酒（笑），而台灣也就會少了一個傑出的帥哥侍酒師，當然這本書與這篇序也就只存在於另一個平行宇宙中了。

不要誤會，我這樣描述雖然是事實但也完全沒有邀功的意思，因為到現在我對於葡萄酒的認識並沒有比那時候多多少，但是聶卻已經在葡萄酒界名聲響亮，喝過的葡萄酒比我喝的水還多！！不說您可能不知道，聶在轉戰葡萄酒界之前可是位不折不扣的法國菜Chef，不管是經典法式料裡還是創意菜餚都難不倒他，在對於料理作法徹底了解之下，把味道與葡萄酒譜成精彩的和弦對他來說簡直易如反掌。

其實要擁有這樣深厚的功力自然得下足功夫，經驗的累積更是得花時間，聶在法國學藝時每天除了上課之外，剩下的就是吃吃喝喝，從豪奢的三顆星星吃到路邊不起眼的小館子（自然得搭酒）；從數千個攤位的大型酒展喝到小酒店的試飲，任何可以增加經驗值的他都不放過——不管是用偷的還是搶的。最好的例子就是在波爾多某餐廳中，他竟然慫恿我（不是他自己喔），從隔壁桌一群正在盲測的葡萄酒專家手中「騙」來一瓶2000年的Château d'Yquem（其實在把瓶身裹得密不透風的鋁箔拆開之前，我們壓根不知道它那麼厲害），幾個人在回巴黎的TGV上又叫又跳，如此興奮的原因一半是因為好酒，另一半則是幹完壞事之後腎上腺素大量分泌之故。而那也是我人生第一瓶Château d'Yquem（雖然年輕，但還是好得沒話說），換句話說，沒有聶就沒有我的第一瓶Château d'Yquem。

事實證明，「三個耳朵」的聶並不只是聽到的比別人多，舌頭嚐到的與鼻子聞到的也比一般人還多，但是要把這些感官所感受到的書寫出來並不容易，尤其要說得平易近人，讓

看的人沒有隔閡，一點也不覺得作者在賣弄（好啦，多少得要有些炫耀，不然幹嘛出書）。哈！這又是聶的強項，從認識聶的第一天起，我就發現這個人飽讀詩書、學問淵博，但卻十足搞笑風趣，深奧的理論從他嘴裡說出來像是三歲小孩都懂的道理，你看他明明談的是葡萄酒卻東扯一下金庸，西碰一下普魯斯特，一篇看下來的雖不致於捧腹大笑卻也趣意盎然，與枯燥無趣絕了緣。

是的，這就是我最好的朋友聶的葡萄酒書，

**一本帶進廁所就會在馬桶上坐很久的好書。**

咖啡賞味誌作者、行政主廚
**蘇彥彰**

# À la recherche du vin perdu......

　　那天讀狄波頓筆下的普魯斯特，他說《追憶逝水年華》裡有些句子實在長得離譜，「最長的一句在第五冊《女囚》，以標準印刷字體來看，幾乎長達四公尺，足以在葡萄酒瓶底繞個十七圈。」哇！這麼長！但是聶會說：「如果是香檳可能只需要繞個十五圈半，萬一是貴腐的話大概要十九又四分之一圈才繞得完吧！」

　　若說這本書是聶的《追憶嗜酒年華》應該不為過。當然，其中沒有長蛇般的句子，但是為了成就這本書而喝掉的葡萄酒絕對超過十七瓶。酒杯裡流動的液體承載著複數的時光，起先是物理上的流逝諸如葡萄的生長、酒的釀製、運輸與買賣；接著品酒的過程，則是「花時間」在集結「過往所花掉的時間」於一身的葡萄酒裡，用眼睛觀察、用鼻子嗅聞、用嘴巴試探，還原出某種印象輪廓。奧妙的是，這個印象並非一成不變，相反地會隨著時間、隨著每一次的當下感知微調，甚至全然推翻。

　　很像但是不一樣，一瓶酒是一個小宇宙，意味深長。只是品味葡萄酒並非寰宇搜奇，反而比較像是一場記憶考古，每個人有自己的經驗時間軸與脈絡：動物皮毛是鄰居那隻老是超過一星期不洗澡的狗味，水果系讓人想起地鐵轉角的蔬果店阿婆，木質燻烤該不會像2009年的中秋吧（肉都沒有熟）？在有意識地品味第一杯之前，我們以為葡萄酒對自己來說象徵意義大於真實意義，從未想過品酒帶來的感受竟可以如此貼近人生，而人生百態，

**嗜酒師，噢不，侍酒師在一旁微笑。**

陳文瑤　法國高等社會科學院
藝術與語言科學博士候選人

台 灣 酒 研 學 苑 教 務 總 監　**陳怡樺**

## 為黑白的世界抹上絢爛的顏色

聶是藝術家、是廚師也是侍酒師，文字溫煦如人，在敦厚優雅中有骨感，是一位心思細膩，卻也不忘神來一筆莞爾之語的實力派葡萄酒作家。聶在書中呈現的「實力」，不只是筆下功夫而已，他的文字瀰漫在藝術家的優雅氣息中，道出廚師的味蕾與侍酒師的嗅覺。在藝術家的感性流動中，有條有理地為讀者逐一開啟、踏入葡萄酒世界的門窗。獨自翻閱這本書的一開始，我彷彿置靜於一個黑白純樸的空間中，翻了幾頁之後，聶開始為我的黑白世界上色。第一抹顏色便是我手邊的酒杯，他上了淡橘紅，然後，悄然無聲地在我的周圍逐一添色－－我的酒櫃、酒瓶、酒書、水果籃、灑落陽台的夕陽，到陽台上的小花小草們。當我啜飲一口酒時，他畫上一盤我最愛的伊比利火腿，留下那一抹美味的紅彩顏料在黑白空間的靜謐中，我繼續閱讀直到完畢。

朋友們都知道，坐在聶一旁用餐最幸福，他有如卡通《龍貓》中的妹妹小梅（メイ），當爸爸辛苦寫稿時，小梅悄悄地將她摘採的花朵推上爸爸的書桌，爸爸只看得到她的小手，心頭卻已暖滋滋。一群朋友下班之餘與聶用餐，一邊開心聊天時，大家的盤子裡總有他的輕巧與體貼，不著痕跡地為大家添加美食與葡萄酒。當他在工作場合身為專業侍酒師時，仍保有鄰家男孩般地笑容，真誠與客戶分享，但那優雅親切的侍酒背後卻是多年苦練。

這是台灣第一本侍酒師的作品，聶將他多年嗜酒與侍酒的經驗轉化成文字，沒有矯情的裝腔作勢，呈現給讀者實用的知識與最自然的幸福，這是一位作家與侍酒師，可以為他的客人帶來最珍貴的價值。

作者序 *Sequence*

　　我想，透過這本書的出版，彷彿像是離岸邊不遠處的一葉方舟終於下了錨，遊走了十多年，第一次靠岸。也像是替這個看似規劃好的叛逃計畫下了一則註腳，我不斷地逃開，不斷地遠離，可是最後卻發現其實根本沒有離開過，一直在美的範疇裡打轉，而且越轉越覺得轉不出美的五指山。

　　不知道是從何開始，不把藝術創作當成一生志業的念頭已經在心中漫漫滋長。炭筆在MBM素描紙上擦過的錯落痕跡、油畫顏料的堆疊、狼毫毛筆的皴法到餐盤上的擺盤裝飾、醬汁的潑灑以及葡萄酒與味道的組合，美得刻畫出深度，並且具有動人、龐大的能量。如同一件好的藝術作品或一道振奮人心的佳餚，葡萄酒在我的人生中帶來不少感動與啟發。

**因為啜飲入喉的不只是葡萄酒液，**

**而是貫穿風土條件，似乎能與自我合為一體的人文脈絡和精神。**

　　如果葡萄酒向我們展示的是背後的土地與人文精神，那麼也得遇到懂得鑑賞的伯樂才能惺惺相惜。書裡叨叨絮絮的碎語低喃，最終目的也僅是一個小小的願望，希望藉由本書可以讓更多的人理解超越葡萄酒的品牌或是價格之後，是種更貼近生活的真實。

　　還得感謝許多在不同領域默默用力耕耘的人，你們的熱情總能照亮寬廣。Ling和尖端出版的包容與耐性，容忍我一再的延宕拖稿。還有身旁給與諸多鼓勵與扶持的朋友們，何其幸運可以遇見你們，如果沒有你們，我想喝下去的葡萄酒一定少了許多風味。

　　最後，感謝母親對我的縱容與支持，使我得以沒有顧慮地在看似不同的領域裡遊走。

　　僅以此書獻給母親以及曾經陪伴的家人（外婆、爺爺、奶奶和父親）。

# Chapter 1

聶 的 嗜 酒 旅 程

{ 這一切，都和「美」脫離不了關係…… }

我向來不是一個太刻意幫自己建構人生藍圖的人，一路走來起來其實沒有什麼章法，很多「為什麼」的答案也只是「沒有想太多」。順著當時的感覺、抓著眼前的機會一路往前走，無預期地在不同專業的領域中繞啊繞，回首將人生旅途中一幕幕的風景串在一起，終發現這之間看似沒有道理的關連，原來都逃不出「美感」的範疇……

▌ 遠眺合歡山主峰，似乎可以洗滌心靈。

　　位在合歡山腰的爺爺家，無垠的曠野、清冽的高山，都是一路伴隨我成長的印記，而感官敏銳度，以及對於美感、味覺的認知與要求，也許都來自這段童年時期的感受堆疊。

　　合歡山腰的幽冷暗夜、過年時節的鞭炮聲和火藥硝石味在山谷中擺盪、老屋裡冉冉蒸醞的炭火烤爐、臘月廚房中掛著的風乾香腸、新脆現摘的豌豆苗和高麗菜嬰、擺夷族奶奶最擅長將各式各樣奇異辛香料入菜，以及路邊那高大的寒帶冷杉，還有棕色、青色交雜殘碎的高山頁岩和片岩⋯⋯。這些兒時的香氣記憶，在後來頻繁的品酒練習中慢慢被喚醒，最後成為深刻、令人持續追尋及獲得樂趣的動力之一。

# 微醺
## 的 開 始

*Un repas sans vin est*
*comme un jour sans soleil.*
*— Louis Pasteur*

一餐沒有葡萄酒就像一整天沒有陽光。
——路易·巴斯德（法國生化學家）

　　對葡萄酒的認識，起始於大學時代流行的學生自製玫瑰紅雞尾酒。粉紅色的公賣局玫瑰紅加入冰塊、新鮮的水果切塊，還有大量的微甜汽水（雪碧或七喜），佐著夏日的燠熱及活動場所的鼎沸人聲，微醺的青春回憶如同未央歌裡純純的、青澀的初戀情感。

　　大學和研究所都是念藝術相關科系，是的，這確實看來和我現在的專業與工作沒有太多關連。當學生時也有學生的煩惱，光是要完成大量的作業和應付考試就筋疲力盡，對於未來到底該拿什麼當成吃飯的傢伙，我沒有太多想法。在藝術創作研究所遇到了柱子兄，帶我開始進入屬於真正味覺的探險，於是咖啡不再是煮襪子黑水，而是帶著赭紅色虎斑醬油膏狀咖啡油脂的新鮮萃取Espresso，單品則有活潑的莓果風味及各式異香，逐漸連同葡萄酒也不再只是大賣場的199元等級，開始有了Chambolle-Musigny及Hermitage的嘗試。

　　感官的知覺受到開啟而日漸精進，對於味覺感受的提昇，當然不能浪費地要運用在日常生活中。於是，動心起念之間就組起了咖啡文化研究社團，利用申請下來的經費買了簡單的家用義式咖啡機，在宿舍洗衣間的角落弄了個小空間，經營起沒有固定營業時間的咖啡館，以義式咖啡、提拉米蘇、起司手工蛋糕，在午後或深夜，造福了好山好水偌大校園內的藝術、音樂系所一大票需要大量攝取咖啡因的學生，喝咖啡的同時也可以觀察洗衣機裡翻滾的衣物，別有一番禪意。

　　在這個單純對飲、食、藝術的觸碰階段，葡萄酒還沒有成為我未來事業道路上的選項，一切單純是以興趣和熱誠作為出發點及動力，此時的經驗在往後生命中給了我很大的啟發，如果說要細數人生的價值，那麼，這些記憶將是使生活更具意義的重要供給物！

# 藍帶
## 廚師

一張Le Cordon Bleu法國藍帶廚藝學院的傳單、一份報名表,這是一個隨性甚至有點任性的決定,卻也是讓我從藝術的雲端回到最接近真實人生的開端。而在法國巴黎米其林一星餐廳廚房的工作經驗,更是活生生、血淋淋,一點都不浪漫的鐵血歷程。

就算是夢裡,我也持續跟小龍蝦搏鬥,每隻龍蝦得在圓形白盤上完美定位,最後才淋上抽象且追求美感的醬汁。

醒來,換上雪白制服是對這個行業的敬意。步入廚房,對抗的是時間的流逝,包含食材新鮮度、短暫的嗅覺和味覺記憶必須被快速累積,還有最難熬的是面對爐灶時超過攝氏五十度以上的高溫,當然,是「站」在爐前一天至少十二個小時。而這些還沒把早上剛剛削得滿手黑的六十個朝鮮薊、四十個嬰兒紫蘿蔔外加五十隻淡水蝲蝦剝殼,以及處理十隻布列塔尼青龍蝦當冷盤沙拉一併算入……。

　　當主廚使勁全力地喊完點單之後，在準備開胃小點的同時，心中不斷嘀咕的是今天真是「好運」，一桌六人竟然每個人點的前菜都不相同！正當忙得焦頭爛額、剛剛完成第四項不同前菜的這一刻，同時又進來兩張新單！在汗如雨下、口乾舌燥瀕臨脫水之際，瞥見這時出菜台上被最後四份前菜和另外六份甫完成的主菜塞得滿滿的壯觀景象，算一算，從下午一點到兩點的這六十分鐘內，竟然已經出了二十八盤開胃小點和二十八道前菜！

　　晚餐的顧客零星地來用餐，免除了午餐時段必須快速大量出餐的窘境，不過菜色更豐富，擺盤要求更仔細，晚上十點半仍然在出主菜、十一點半才能出完甜點也是常有的事。最後把餐台、爐灶、鐵板、地板全都刷洗乾淨之後，這一天的工作才算真正告一個段落。然後天一亮，在如戰場般的同一個廚房內、同樣的挑戰再次重複、不斷循環，這些都是在巴黎小小的米其林一星餐廳工作半年之中，每天都要上演的橋段。

　　當然，上述情節都是在巴黎藍帶學校畢業後發生的事。關於廚藝，從無到有，藍帶教了我很多。

　　當初在台灣念完研究所，取得碩士文憑、當完兵，持續學習法文並以赴法國念書為目標的我，確實是達成了某個階段的夢想。只是，在一年的語言學校結業後，我毅然決定拋下毛筆，改握起菜刀，踏上的是餐飲而不是藝術一途，這樣的結果大概是所有人（包括我自己）都始料未及的。

每年至少有數千位學生從全世界二十多所分校完成藍帶課程、拿到證書，從廚藝的基礎與食材到味覺的認知，從經典的法國料理實作到精緻的排盤，一切的學習與訓練都只是取得廚藝之鑰的最低門檻而已。唯有進入小型的餐廳實習，從廚房助理洗菜、替蔬菜去皮等備料瑣事做起，畢業後進一步待過真正大餐廳的廚房，經過槍林彈雨的實戰考驗，有能力勝任幾個站（冷盤、煎炒、燒烤……）的，才有機會成為真正的廚師。擁有這張藍帶證照，僅等於擁有一只可以養活自己和家人的一技之長鑰匙，而非鑲金鍍銀的光鮮招牌。

# Sommelier
# 侍酒師

若不是真的愛喝，實在很難從事侍酒師這個職業，至少我所認識的所有侍酒師一個比一個嗜酒如命。愛喝，不是樂於沉醉在喝得酩酊大醉，而是在柔順豐滿、圓潤優雅之間，感受其中變化多端的千百種風情。

在法國的廚房工作之餘，唯一可以放鬆和犒賞自己的，就是利用讓台灣餐飲從業人員羨慕的每個月八天休假日，以及每年三週的餐廳分區店休，狠狠吃遍全巴黎的經典餐廳與美食，也多少收集了些米其林星星。在酒時常比水還便宜的情況下，更沒理由放過每天品飲兩至三種不同葡萄酒的機會。

由於對葡萄酒的熱愛，在藍帶時也額外多修三期的葡萄酒課程，比之前更了解自己在喝些什麼，法國、歐洲、智利等各地葡萄酒也逐一入口，不過當時終究仍處在享受品飲階段。回到台灣後，經歷了幾個大、小餐廳，做的還是西餐的廚師工作，也在經濟能力所及的情況下參加各式各樣的品酒會，藉由專業的整合辦了些精緻的餐酒會，逐步沿著紅色絲絨的長毯踏上專業侍酒師一途，爾後有了更多名正言順的機會，喝到來自各產地、酒莊的佳釀。

# | 品酒師與侍酒師 |

　　大多數人對品酒師的認知可能比侍酒師多，但相較之下，品酒師的工作內容單純不少。通常品酒師是為某單一酒廠、酒莊或是品牌工作，多半在於一些需要進行調配程序的產區。像是大家熟知的白蘭地（Cognac & Armagnac）、法國香檳或是葡萄牙的波特酒等，甚至年產數億瓶的國際品牌啤酒也有專屬的品酒師。他們最重要的工作是確保每一瓶、每個年份最後出廠的味道相同，以符合酒廠招牌在大眾心裡所深植的風味。因此，品酒師多半由酒廠的家族成員或是釀酒師兼任，畢竟數十年與家族一起成長、長期在酒廠工作的情況下，最熟稔與了解酒廠的風格和味道，即便每年或每塊地所收成的葡萄風味皆不盡相同，也沒有固定明確的配方，但品酒師總能夠憑著長時間對味道的反射，以及經年累月下如同身體一部分般的浸潤記憶，來完成酒廠始終如一的終極風味。

　　「侍酒師(Sommelier)」是法國國王亨利五世於十五世紀所頒布正式名稱，指的是掌管王公貴族餐食飲料的總管。後來逐漸演變為主要負責葡萄酒的專業人士，不過除了負責餐廳裡的葡萄酒之外，連烈酒、咖啡、茶類、礦泉水及餐後的雪茄等，現在也一併納入侍酒師的工作內容中。由於葡萄酒是世界上最複雜的飲品之一，因此侍酒師必須具備比一般服務生更豐富、更充足的專業知識與技能，才有能力勝任此職。

## | 侍 酒 師 的 工 作 |

侍酒師最基本的工作，除了必須幫餐廳制定一份得宜的酒單外，還要在顧客用餐期間提供良好的品飲服務。一本得宜的酒單規劃並不容易，除了要根據主廚、餐廳特色或是顧客群的喜好來選擇葡萄酒名單外，同時也要不著痕跡地放入自己的個性與想法。當然，還得考慮餐廳採購葡萄酒的預算、葡萄酒不同年份的表現值，最後，這些放在酒單上的品項，對顧客而言必須是具備吸引力、價格也要具有親切感的。另外，如果餐廳每季得換一次菜單，多少也需要根據當季菜餚推出適合搭配的葡萄酒作為促銷組合，在國外，引人入勝的酒單可以輕鬆地為餐廳帶來至少三分之一的總體營收。

侍酒師除了站在第一線面對顧客，同時也扮演了餐廳裡溝通橋梁的角色。因為侍酒師總是可以在第一時間了解到顧客的需求，同時本身也清楚主廚的菜色及自己的酒單，像是織布機中的線梭子，為了織出顧客滿意的美麗布匹，忙碌地來回穿梭於顧客、酒單、菜單之間。侍酒師不但可以提供顧客餐酒搭配的建議，甚至可以為顧客葡萄酒的需求與主廚溝通，適度調整菜色的烹調手法或醬汁內容。

當顧客放下酒單後，最基本但同時也是最重要的侍酒流程，宛如在餐廳裡上演的遊園驚夢。自然、流暢、速度合宜地將沈睡中的葡萄酒帶回到現實世界，並且為它沐浴更衣、梳洗裝扮，讓它能在顧客面前展現最美好的一面。不過牡丹亭裡的頹井斷垣在真實世界也會發生，葡萄酒睡美人在此時的生命力表露無疑，雖然無法確定是起床氣抑或貧血性暈眩，但是沉睡越久的葡萄酒有時狀況還不少，此時侍酒師就化身為安撫與解決突發狀況的臨時保母，小心翼翼地服侍在側。

脆弱、敏感地軟木塞總會選在最關鍵的時候斷裂，或是像粉碎性骨折一樣散落一地。好不容易過了這關，接著還得擔心香氣有無符合正常的狀態。畢竟睡美人幽幽沉

睡的時候我們無法陪侍在側，實在不知道這些年、這些夜裡睡美人做了哪些美夢亦或惡夢？拉出軟木塞的那一刻，不知道葡萄酒是輕輕歎息、仰天長嘯，還是驚慌失措！

當餐廳的燈光熄滅，人聲鼎沸的熱鬧褪去，侍酒師的工作依然還沒結束。每天晚上除了每日關帳的登記銷售報表外，還得利用其他時間一一對存酒的酒窖做規律性的盤點。當葡萄酒品項超過500種，儲酒量5,000瓶以上時，盤點確實是葡萄酒世界中是最不愜意的一個橋段。少於庫存量時，要趕緊登記進貨；有太多庫存品項進入適飲期時，則必須適時提出銷售計畫。

最後，侍酒師本質上還是屬於服務業，而服務業則同時考驗著體力與耐力，所以侍酒師除了對葡萄酒要有極大的熱情，對於服務的熱誠也是少不了的。畢竟每天兩餐，每餐來來去去的眾多顧客，每位顧客都有不同的個性與需求。一位侍酒師如果只有專業知識，卻少了服務的心情，那麼臉上一定缺少笑容，缺少笑容的服務就顯得制式呆板、沒有情感，而沒有感情就會像是一個執行命令或是程式迴圈的機器，沒有人的因子在，也遑論為師了！無可置否，在多次的親身體驗裡，每一次美好的用餐經驗，總是缺少不了侍酒師的身影，尤其是那些親切、誠懇、沒有大小眼的容顏在多年後仍然可以浮現於腦海中。親切讓人覺得放鬆、誠懇使人感受專業、沒有大小眼則沒有不平等的壓力。

想要在此與過去、現在或未來的侍酒師們共勉。台灣的葡萄酒飲食文化，坦白說進步得不算快速，比起國外，那失衡、微不足道的薪水比例，但是如果沒有人持續地投入，沒有你們的繼續付出，那麼在對岸的快速崛起與追趕下，恐怕會面臨崩潰與瓦解。

圖片由Sopexa提供

# | 侍酒師的Bonus |

侍酒師的工作過程，花在喝酒的錢絕對比賺進口袋裡的多，品嘗的過程中吐掉的酒也比喝下去的多！（這裡說的「吐掉」是啜飲和品酒後吐到專用的小缸盆中，而非喝太多的暈眩帶來後續的嘔吐與宿醉。）但就算如此，對於各大酒商通路不定時舉辦的新年份品嘗、新品項發表或是國外酒廠代表來台說明會、餐會等也要盡量參加，遇到國內外的大型酒展或是葡萄酒相關的活動也不能缺席，並且靠著服務業的微薄薪水，來達成遊歷世界各國葡萄酒產區的小小夢想。

在各大酒商通路舉辦的品嘗、發表會上，侍酒師可以比一般人有更多的機會品嘗到不同的葡萄酒，甚至可以喝到許多一般人負擔不起的葡萄酒界「傳奇」或「精品」。參與國外大型的酒展或旅行至葡萄酒產區參觀，一路上走走停停，是遍嚐美食、飲遍美酒，是開眼界、培養國際觀，更是在真正體會了國家文化、民俗風情後，將味覺、知覺、視覺、嗅覺與體驗感受整合，在本來就深刻豐富的葡萄酒滋味中，更是有著說不盡的故事。

從廚師到侍酒師，餐與酒的搭配成為人生中並存共進的美好章節。開瓶前的期待與開瓶後的驚喜，有如不同食材、醬汁、烹調法所組合而成的料理，可能帶來的悸動與歡愉。兩者搭配後，更是有無窮盡的演繹空間，有什麼比這些更讓人甘願沉溺其中？葡萄酒在法國是生活文化的一部分，可惜至今在台灣，享用法餐或西餐時，還沒有全然搭配葡萄酒的習慣。無論午餐或晚餐，儘管是一杯、一小壺還是一瓶，用餐時搭配葡萄酒，的確是法國人日常生活中不可或缺的一環。在我生活中，有幸也是。

# 葡萄酒
## 乘載的味覺記憶

**當**液體汩汩流入杯中，那一團糾結紊亂的香氣漫來，我恍然迷失了。每一瓶酒都有自己的香氣迷宮，品嘗最美的時刻就是在這迷霧中遊蕩，寧願迷失，也不願找到出口……

葡萄酒中最重要的元素之一：「年份」，它承載了葡萄酒的身世與記憶，同時，也承載了品飲者的。雖然，年份不會是品飲者記憶的總結，但是難免的，無論是好是壞、悲傷喜樂，品飲者的情感總或多或少地投射在葡萄酒的年份裡。這一年和初戀情人分手；這一年，小倆口墜入情網；那一年步入了禮堂；這一年可愛的小寶貝誕生；那一年女兒出嫁……我想，也只有葡萄酒這樣複雜的飲品，才能夠承受人類那麼多的情感與情緒。神奇的是，除了承載之外，葡萄酒似乎還有加深與放大情感的作用。

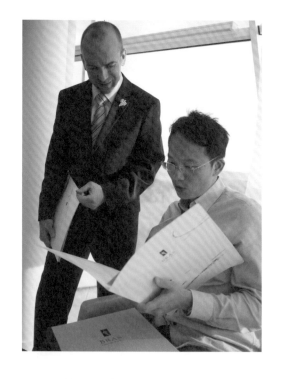

當然，每當喝到一款令人終生難忘的葡萄酒，不管經過多久，當下內心巨大的震撼與盪氣迴腸的味覺感受，都會不經意地在午夜夢迴間席捲而來。有如我人生中的第一款波爾多五大酒莊 Château Lafite Rothschild。

　　2001年剛開始品飲葡萄酒不久，當時喝過的波爾多不超過十款，卻拜振亞老師的慷慨分享，得以品嘗此酒。即使是初學，也已經感受到此酒的不凡氣勢，印象深刻的是，那天深夜才抵達，而老師就站在車庫中端著酒迎接，當我打開車門的同時已經隱約嗅到那濃郁優雅的奇異香氣。幾個小時下來，夢幻般的香氣持續散發、變化，直至最後口感仍然結實有力，我們就這樣緩緩暢飲，直到破曉。

　　接著，一瓶不起眼的1983年法國布根地（Bourgogne）Chassagne-Montrahet村莊級紅酒，讓我開始了解與沉溺於成熟風味的美好。這來自一般村莊等級的布根地，加上黑皮諾嬌嫩的品種，僅以便宜的價格就列入收藏，在漫長等待了19年後，品嘗起來卻能讓人瞬間體會成熟的風味，乾燥的蕈菇、森林底層、梅子、花香等不可能在年輕酒體中發現的味道，似乎像清晨的日出般一剎那間湧出。而我，只能像是劉姥姥逛大觀園般無知地、瘋狂地吸取這些臆測不到的香氣，也使我真切的體會，若品嘗未經時間累積、未達成熟年紀的葡萄酒，將無可避免的糟蹋了這天賜的佳釀。

　　最後，還有太多太多的回憶是佐著葡萄酒（如果能摒除酒精痲痺生理機能的那個部分），相對的，葡萄酒也成為回憶的一部分。從我喝下這瓶葡萄酒的當下開始，葡萄酒就融入我的身體與血液之中，即便這些片段以後會更名成為回憶，那個最後我們賴以為生的存在過去。於是我持續勤於用心、用記憶、用文字刻劃出這些嚐過就無法回頭，僅能追憶的滋味和感動。

　　我幻想著有種奇妙的時刻，像是生命中有著近似完美的品質，例如在某個天氣剛好的午后，桌上有杯甫開瓶的葡萄酒，陽光會尋著任何的縫隙滑進來，也許有段音樂已經讓這空間和時間瞬間飽滿，腦中閃過千百個念頭，不論是煩惱與憂愁，不！沒有任何事物可以阻撓我浸入這完美的時刻，也許藉由葡萄酒太過於世俗，但這不重要，因為在往後繼續有葡萄酒陪伴的日子，它絕不牽扯神聖、價值、愛情或權力。尚未開瓶前，誰又能知道？

　　這一瓶又一瓶餘韻綿長的好酒，堆積起豐富的情感、成就超越想像的滿足，人生如此，夫復何求。

# Chapter II

在 品 嘗 之 前

# 品酒前
## 的準備

　　品酒時所處的環境越簡單越好，最好是有自然光、白色桌布墊底，以及沒有影響感官的其他刺激味道，這樣比較容易做出客觀的判斷。所謂的「自然光」，指的是室外空間或是白天的陽光，但在台灣這樣的環境並不多見，所以大部分的品酒過程都在餐廳裡進行。稍微高級的餐廳，光源大多偏向暖色系的黃色光，並且偏暗，所以必須花一點心思，去克服光源的干擾或是不足。最簡單的方式，就是找一張純白的紙放在杯子底下，做為較客觀的標準對照組。

▌心情不佳時，即便喝1982的波爾多，也無法苦盡甘來！

　　剛開始接觸品酒時，常會忽略的問題是身上搽了濃郁的香水、古龍水，干擾味覺的判斷。如果要參加的是一場專業品酒會，那麼我建議什麼香水都不要搽，甚至口紅、唇蜜也都盡量避免，或是盡量選味道較淡、較中性的彩妝品，這是一個基本的禮儀。畢竟任何味道過重的芳香物品，不但影響到自己感官，也會影響到與會的其他人。

　　最後一個品酒前的準備，也是最重要的一個，就是盡可能保持愉悅或至少是平靜的情緒。我常觀察有些顧客剛進餐廳時，面容已然猙獰，或是正為許多事煩心憂愁，如果不能將不好的情緒在用餐前摒除，那麼一定會影響到用餐的品質。這時即使面對的是鵝肝、松露或魚子醬，也必然食之無味，同時辜負了廚師的用心。品酒也相同，如果心情不佳，那麼還是建議不要品酒，再好的酒若沒有愉悅的心情品嘗，怎麼喝也無法感受其中的美妙滋味！

　　而最後（不是醉後），你會發現，喝了那麼多、品嘗了這麼多、分析了那麼多，終究只是為了探尋那酒瓶中的風景、那隱藏在葡萄酒背後的天（氣候）、地（土壤環境）、人（技術與理念）。因為，如果沒有人的因素在，那麼再好、再昂貴的葡萄酒也只是大自然的液體罷了。

## | 葡萄酒溫度掌握 |

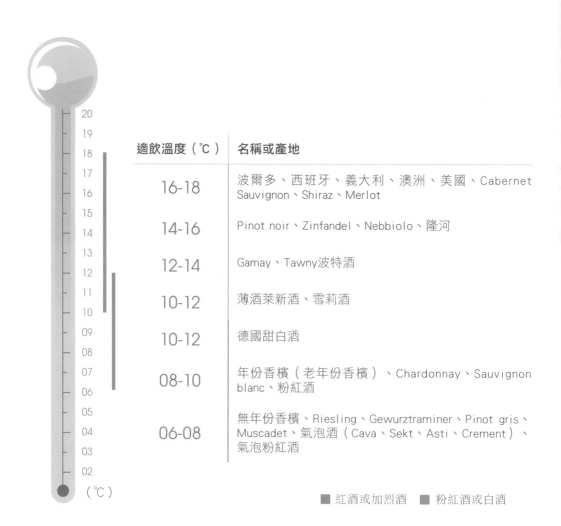

| 適飲溫度（℃） | 名稱或產地 |
| --- | --- |
| 16-18 | 波爾多、西班牙、義大利、澳洲、美國、Cabernet Sauvignon、Shiraz、Merlot |
| 14-16 | Pinot noir、Zinfandel、Nebbiolo、隆河 |
| 12-14 | Gamay、Tawny波特酒 |
| 10-12 | 薄酒萊新酒、雪莉酒 |
| 10-12 | 德國甜白酒 |
| 08-10 | 年份香檳（老年份香檳）、Chardonnay、Sauvignon blanc、粉紅酒 |
| 06-08 | 無年份香檳、Riesling、Gewurztraminer、Pinot gris、Muscadet、氣泡酒（Cava、Sekt、Asti、Crement）、氣泡粉紅酒 |

■ 紅酒或加烈酒　　■ 粉紅酒或白酒

　　關於葡萄酒的適飲溫度，左頁表格的內容只是粗略分類，各個國家裡還可以細分出產區、酒莊、年份或是混合比例等其他因素，這些因素都會影響到品飲溫度，不過如果品飲溫度差距大得離譜，將有可能出現令人驚訝的結果。

　　經過多年的實驗和舉證，品飲溫度絕對左右了葡萄酒風味的表現。例如好年份的香檳，需要的品飲溫度通常要比無年份香檳來得高一些，因為年份香檳或是經過陳年的老年份香檳，如果以太低的溫度品嘗，其中複雜且細膩的成熟香氣則無法表現出來，而溫度過高時（例如在28℃）則口感顯得渙散不平衡。香氣活動可以經過簡單的實驗，證明幾乎所有的分子活動在溫度愈高的狀態下越活躍，反之則減緩或停滯。

　　在家中也可以找瓶價格合理的入門用酒，簡單地做個實驗。把兩瓶同款葡萄酒分別置於室溫下以及酒窖中（若沒有電子恆溫酒窖，可以直接放入冰箱冷藏60分鐘），接著同時開瓶，分別用同型酒杯來品嘗，你將能夠辨別出其中的差異，甚至懷疑這根本是兩款不同的葡萄酒。

# 酒杯
## 的 認 識

　　《笑傲江湖》中，令狐沖被祖千秋欺騙而喝下八種酒（外加八種大補丸），每種酒各使用不同的杯子，有些是對應古代詩詞，如：汾酒用玉杯、葡萄酒用夜光杯、梨花酒用翡翠杯，有些則是依照酒的特性來區分。包含：關外白酒用犀角杯、高粱酒用青銅酒爵、米酒用大斗、百草美酒用古藤杯、紹興狀元紅用古瓷杯等，證明了自古以來，飲酒之人就已經注意到、也講究酒杯與酒之間相互搭配的問題。

　　酒杯基本上必須選用透明無色、透度高、杯面上沒有雕花飾紋，才能便於觀察酒色。花紋雕飾的酒杯，為十九世紀歐洲王宮貴族宴會所使用，雖然華麗美觀但會影響觀察酒色的變化。酒杯的底座面大，整體質輕、壁薄者較佳。杯型大致有如鬱金香，杯身稍圓寬，容積至少250ml以上（容積太小則沒有太多空間讓香氣散發），杯口往內微縮（杯口若為直角或是向外張開型則無法聚集香氣）。杯子的形狀、大小及杯面角度等，經過無數的實驗證實，這些絕對是影響葡萄酒香氣表現的重要因素，所以在品飲葡萄酒時使用合適的葡萄酒杯，已經不再是專業知識，而是基本常識了。

　　有些酒杯廠商已經針對不同的葡萄品種或是產區的不同特性,開發出不同的杯形。以最早的Riedel Sommelier為例,在1973年便推出的手工水晶杯Sommelier系列,一直到近期的Vitis和Grape系列,這個趨勢到了近十年開始被市場接受,使得其他酒杯廠牌也陸續跟進。不過Riedel價格稍高,建議一開始可以使用同集團但價格相對親民的Spiegelau品牌。

另外在Schott Zwiesel集團旗下的Zwiesel 1872品牌，也有與2004年世界侍酒師大賽冠軍Enrico Bernardo合作設計的First系列，一樣針對不同品種設計出不同杯形。較特別的是Schott集團有獨家研發的氧化鈦玻璃材質，抗磨損能力較佳。

　　最近幾年間迅速累積人氣與知名度的還有法國C&S（Chef & Sommelier），由多位主廚與侍酒師所組成的顧問團隊，彙整其專業知識作為設計基礎，寬杯身半球形設計能讓葡萄酒在最少的分量下展現出最佳風貌，這幾年越來越多的國際品飲會和國際侍酒師比賽都已經開始採用此品牌。

　　此外市場上還有幾個價格與品質都獲得頗高評價的品牌，如LEGLE、Lucas、Zalto和Stölzle等，在形狀、材質、重量及價格上都相當有競爭力，價格也較為實惠親切，是經過我親身使用後十分推薦的選擇。

　　無腳杯的形式近幾年也相當流行，上述幾個品牌也已經推出無杯腳設計的系列。少了杯腳的高度，除了減少重量和原料成本外，杯子也較不占空間易於存放。早期法國品牌L'esprit & le Vin曾經出產過的Les Impitoyables（絕情杯）系列，其中就有一個無腳杯，因為攜帶方便，也成為我旅行時的必備行李之一。

### ■ 杯子的清潔

在清理酒杯時，盡量使用溫水沖洗。殘留的酒漬較為嚴重時，可以加入中性的洗潔精清潔。為保持酒杯的清透與清潔，酒杯上不宜留下水漬，除了可以使用熱開水的蒸氣蒸烘外，擦拭杯子時，建議可雙手各擲一塊擦拭布來擦，既方便也較為安全。

Les Impitoyables的無腳杯（絕情杯）是不占空間的旅行品酒良伴。

# 軟木塞
## 與開瓶

　　透過軟木塞微小的氣孔，讓葡萄酒能進行緩慢又穩定的陳年（氧化），是葡萄酒最神秘，也最美妙的一件事，所以事實上同一箱、同年份的葡萄酒，可能在裝瓶後喝起來的風味都不盡相同。

　　市面上有各式各樣的瓶塞，有來自軟木像樹的天然軟木塞，也有塑膠材質合成塞、合成軟木塞（Diam）、玻璃塞（Vino-lok）、金屬旋蓋以及最近高科技的AS-Elite合成塞。不同材質的瓶塞，主要目的都還是在於防止葡萄酒在陳年過程中，受到TCA 註 的污染，這是使用天然軟木塞裝瓶葡萄酒揮之不去的夢魘，不管對酒廠或是消費者而言皆是如此。

## 註

**軟木塞味（corky / bouchonné）**

起因為氯酚與黴菌結合而產生的三氯苯甲醚，簡稱TCA（Trichloroanisole）。而氯酚多來自於軟木塞製作時使用的殺菌劑或消毒劑，另外在酒窖橡木桶清潔時也可能使用。一般來說，使用天然軟木塞封瓶的葡萄酒約有3～5%的機率受到感染。軟木塞味會有令人不悅，類似發霉濕紙板、紙箱甚至廚房臭抹布的味道。味道太強的時候會讓你完全沒有心情享受手上的這杯好酒，情況稍微輕微的話不妨可以試試加入一小片家庭用的保鮮膜，可以稍微減緩軟木塞味。

　　然而，即便使用天然軟木塞會有大約5%的污染風險，我們卻也已經難以改變葡萄酒開瓶的虔誠儀式，以及由此儀式衍生出來的種種道具和流程。試想，如果從一瓶三十年的陳年葡萄酒，拔出的是塑膠合成塞，或是500美金一瓶的葡萄酒不需經歷專業開瓶器，而是使用只需要隨手轉開的金屬旋蓋，似乎總像是少了些什麼。

　　不過如果真的遇到了TCA污染，那麼再多的嘆息也喚不回葡萄酒的價值，還有這長久等待葡萄酒陳年的歲月。但也許正因如此，葡萄酒擁有類似人類的生老病死，才是其獨特、難以預測，最完整也最值得期待的價值。

黑白雙色的最新科技，彷彿是Stars Wars中的Clone Trooper，與葡萄酒的接觸面透明膜使用了人工心臟的材質，號稱百年不壞，唯一要注意的大概只有它較高昂的價格。

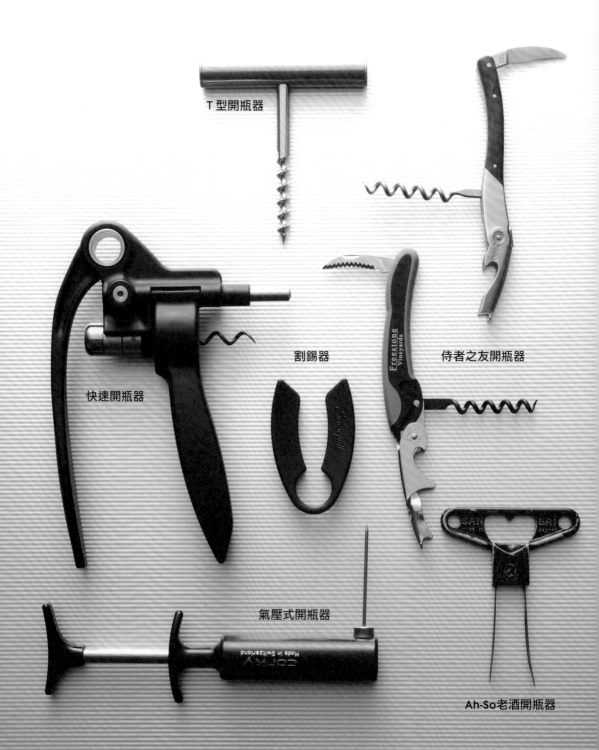

T 型開瓶器

侍者之友開瓶器

割錫器

快速開瓶器

氣壓式開瓶器

Ah-So老酒開瓶器

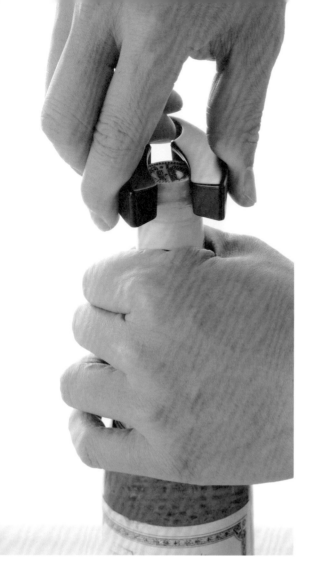

# | 開瓶器的種類與開瓶 |

### 割錫器 Foil Cutter

　　一般家中可以準備一個割錫器，方便割開錫箔，但不建議餐飲業者使用。因為割錫器只能切到瓶口的上方，這樣斟酒的時候難免會把瓶口的錫箔碎屑一起倒入酒杯中。

1. 將割錫器卡住瓶口頂端。
2. 用拇指與食指用力夾緊割錫器，順時針與逆時針來回往復各180度後，即可把錫箔頂部割除。

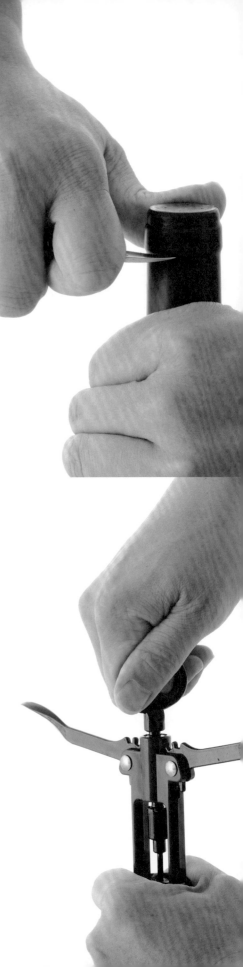

## 蝴蝶型開瓶器 Twin-lever

　　將金屬螺旋轉入軟木塞後，兩邊把
手會慢慢升起，像是蝴蝶展翅般因而得
名，最後將兩支把手往下壓就可以將軟
木塞拉出。

---

1. 使用割錫器或是侍者之友（Waiter's
Friend，見P.56）尾端的小刀割開錫箔。

2. 3. 4.將金屬螺旋轉入軟木塞後，兩側把手
會慢慢升起。

5.6.將兩支把手往下壓即可拉出軟木塞。

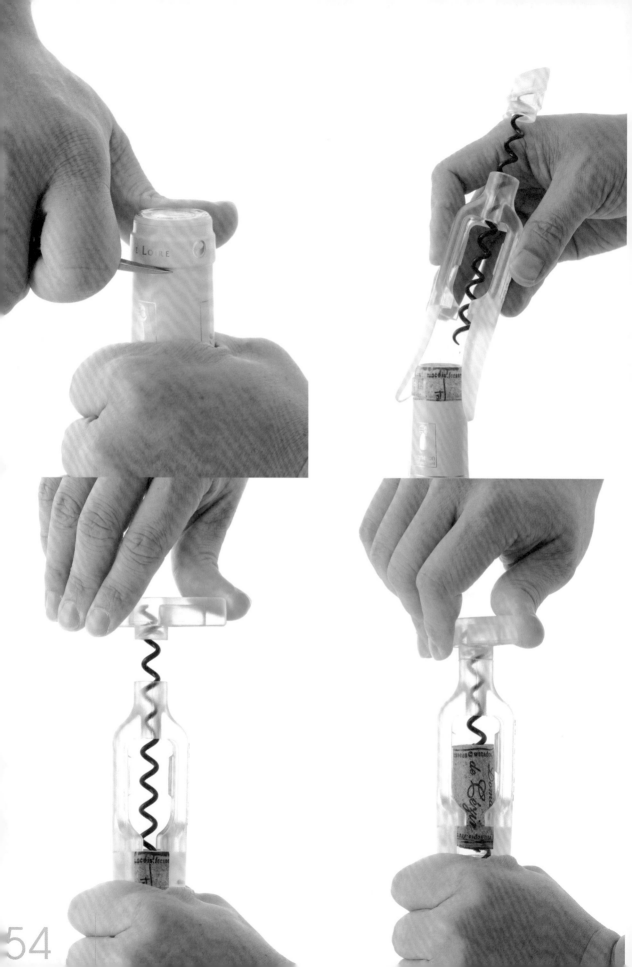

## 螺旋開瓶器 Screwpull

　　隨處可見，是一種最普遍的葡萄酒
開瓶器。利用兩側的卡榫固定在瓶口，
接著只要持續轉入金屬螺旋，一直到軟
木塞旋出為止。

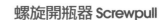

1. 使用割錫器或是侍者之友尾端的小刀割開
錫箔。
2. 將兩邊的卡榫固定在瓶口。
3. 4. 5. 6. 接著持續轉入金屬螺旋，一直到軟
木塞旋出。

### 侍者之友開瓶器 Waiter's Friend

　　尾端通常附有封套切割刀，體積最小、方便攜帶，所以是大多數的餐廳服務人員和侍酒師的首選。在支撐桿的地方有一體成型的一段式或是有個關節的兩段式，兩種都是利用槓桿原理將軟木塞拉出，缺點是必須經過一段時間的練習才能駕輕就熟。

1. 使用割錫器或侍者之友尾端的小刀割開錫箔。
2. 3. 使用金屬螺旋對準軟木塞中心鑽入。
4. 5. 兩段式請用第一段卡住瓶口，順勢提起握把。
6. 7. 使用第二段來將軟木塞整個提出約剩一公分。
8. 用手掌握住軟木塞和支柱部分慢慢揉出完整的軟木塞。

　　各種開瓶器的金屬螺旋長短不盡相同，所以該旋入的角度與深度也都不同。每種開瓶器都有自己的個性，所以得自己尋找其中的技巧與經驗。

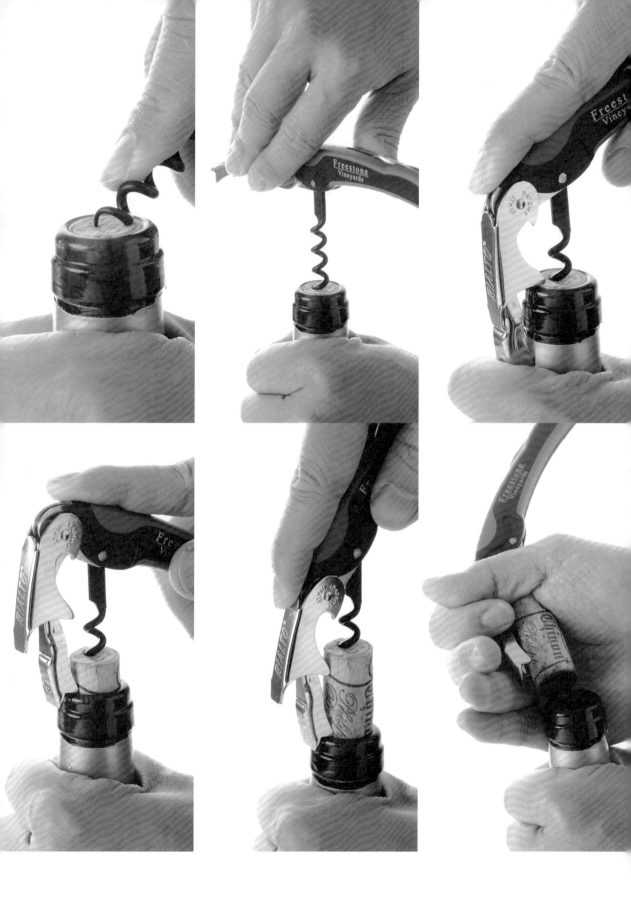

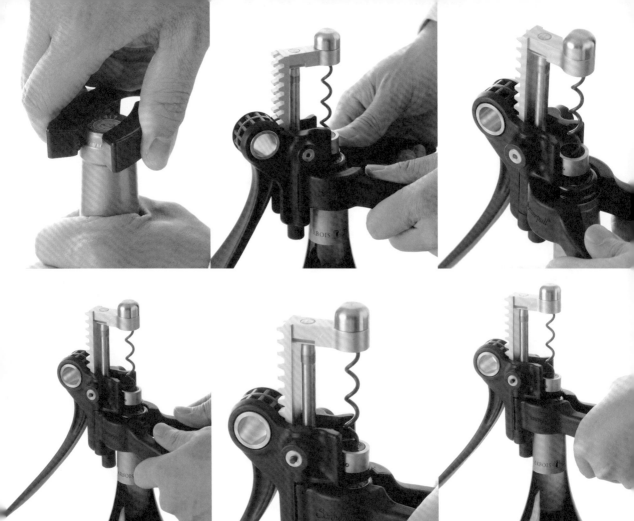

## 快速開瓶器 Lever Screwpull

省力省時，平均約3秒鐘就可以開一瓶酒，適合大型試酒會或是品飲會時使用，唯一的缺點是體積龐大，不易攜帶。

---

1.使用割錫器或是侍者之友尾端的小刀割開錫箔。

2.3.4.5.6.將兩支握把卡住瓶口頂端後順勢夾緊。

7.將拉把朝著握把方向壓至底。

8.9.再將拉把反向提起壓回至底，即可輕鬆拉出軟木塞。

10.使用把手卡住軟木塞，反覆一次拉把動作即可卸下軟木塞。

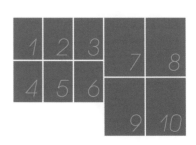

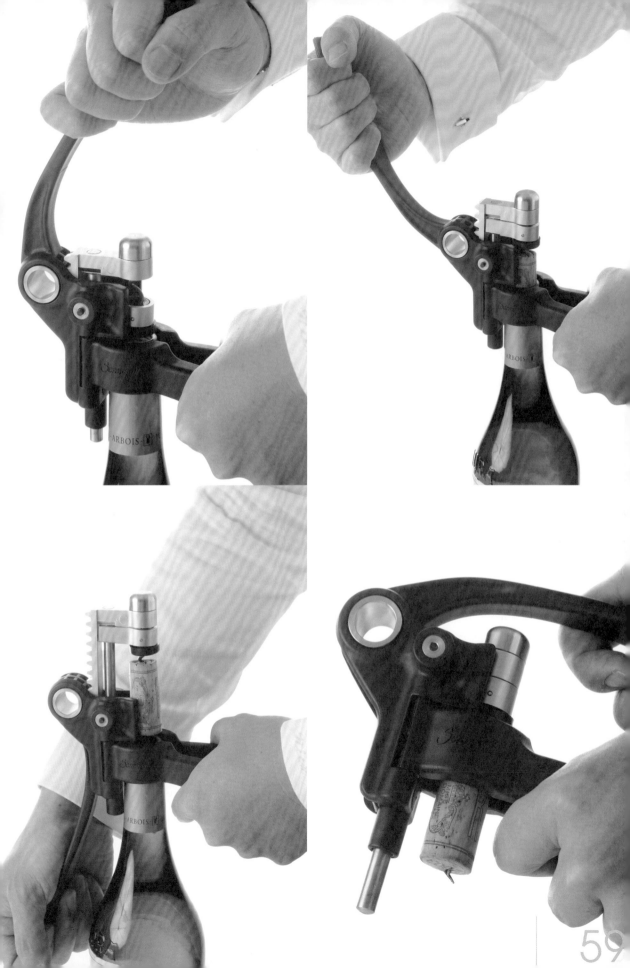

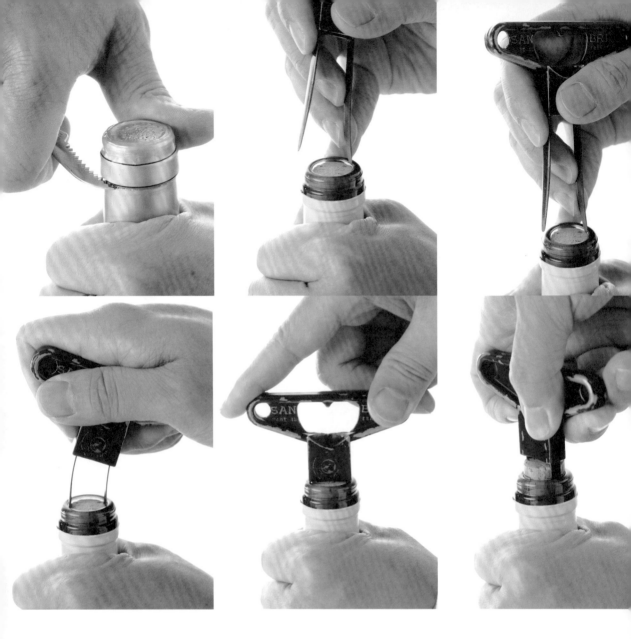

## Ah-So老酒開瓶器 Two-pronged

對於一些上了年紀或是軟木塞保存品質不佳的葡萄酒而言，是比較保險的開瓶工具。

1. 先使用割錫器或侍者之友尾端的小刀割開錫箔。

2. 3. 4. 將較長的金屬片，沿著玻璃瓶口順勢深入約一公分。

5. 接著將較短的另外一片金屬片同樣沿著瓶口深入另外一邊。

6. 7. 8. 以金屬片平行的方式緩慢晃入兩支金屬片至底部。

9. 10. 順時針或逆時針向上提起，轉出軟木塞。

11. 12. 約剩下一公分的時候，用手指將軟木塞揉出。

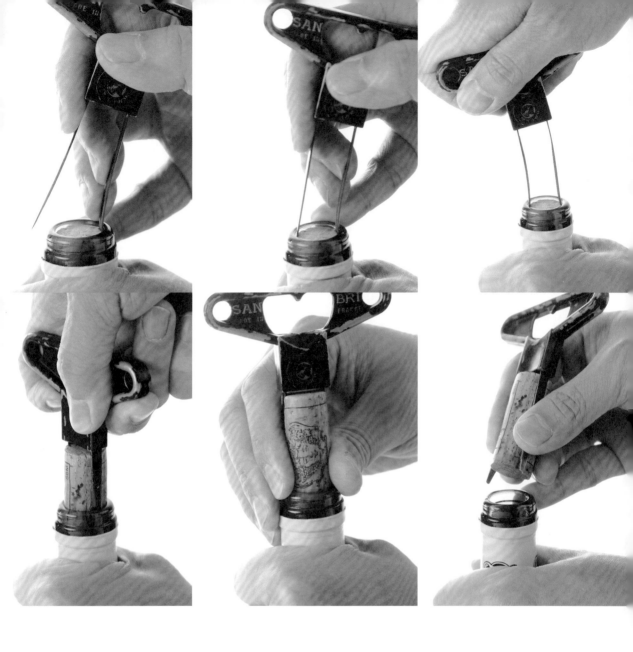

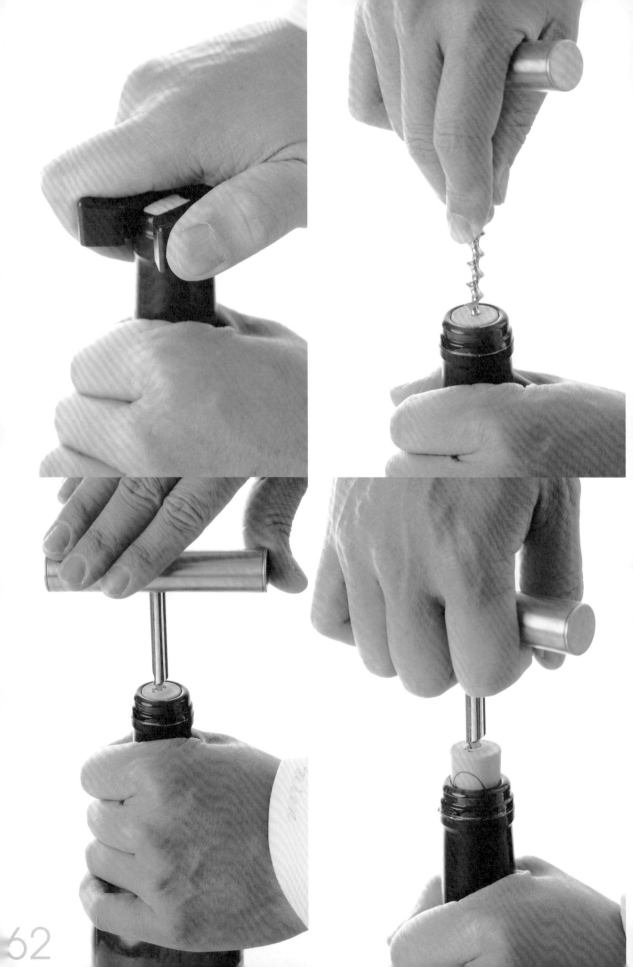

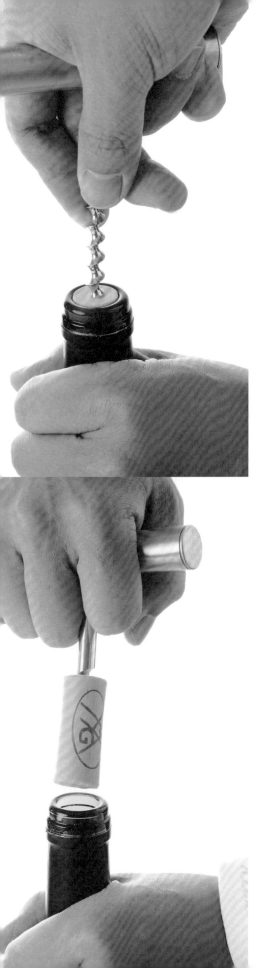

## T 型開瓶器 Basic corkscrew

　　最老式的傳統開瓶器之一，缺點是費力且開瓶動作較不雅觀（必須用大腿將酒瓶夾住）。

1. 使用割錫器或侍者之友尾端的小刀割開錫箔。
2. 3. 4. 將金屬螺旋對準軟木塞中心順時針旋入至底。
5. 6. 使用蠻力向上拉出軟木塞。

# 醒 酒

「醒酒」在中文的字義上有點混淆，因為一般的醒酒瓶英文就叫decanter（法文為la carafe）。其實在法文中有aération及décantation兩個字，la décantation就是一般泛稱的「醒酒換瓶」，但是精確的定義其實只有「換瓶」。而l'aération所指的才是醒酒。年輕的或是陳年的葡萄酒都可以做la décantation，只是年輕的葡萄酒必須用瓶身比較寬大的醒酒瓶，用意是為了讓年輕艱澀的單寧，經由寬大的瓶身增加與空氣接觸的面積來達到軟化單寧的效果，所以過程叫做「醒酒」（l'aération）。

但是如果遇到陳年的葡萄酒（如超過二十年的波爾多），那麼就要用瓶身沒有那麼寬大的醒酒瓶，而其作用並非用來醒酒。因為經過長時間陳年的葡萄酒單寧已經柔化，我們輕柔地將葡萄酒倒至醒酒瓶中，目的是為了避免酒中的沉澱物影響葡萄酒的口感與品質，這個步驟我們就稱為「換瓶（la décantation）」。

透過光源換瓶，是為了要分離經過陳年而生的酒渣。此舉是由某個角度觀察，而非直接將酒置於光源正上方，不然就是煮酒而不是看酒了。

那什麼時候必須要醒酒呢？其實沒有標準答案，依照品飲者的喜好或是酒的狀況而有不同的結果，沒有絕對的法則。大原則是，如果把葡萄酒的瓶中風味發展看成一條緩慢變化的成熟曲線，那麼醒酒的目的就是希望能在極短時間內（約一個小時而非十年、二十年），讓葡萄酒達到這條曲線的最高鋒。通常經過醒酒的動作，大致上可以加速這個熟成過程，但是也有遇過脆弱的葡萄酒，一倒入醒酒瓶之後香氣瞬間爆發，接著就永遠消失了。所以比較保險的作法，建議是開瓶後馬上先倒出來喝一小口確認（這也是為什麼侍酒師在開瓶後必須自己要先喝一小口的目的），判斷這瓶到底需不需要進行醒酒。通常像Bordeaux（波爾多）裡的列級酒莊，十年之內的酒都建議要先醒酒。而五年內的Bordeaux，建議就別急著喝，讓她在酒窖裡多睡一會吧！

常會被問到「白酒或香檳要不要醒酒」？其實還是要視情況而定，這裡同樣也沒有標準答案。白酒雖然沒有像紅酒具備單寧來抗拒氧化，但是事實證明還是有不少的白葡萄品種或產區所生產出來的白酒，竟然與紅酒一樣有著極高的陳年潛力。

假設若開了一瓶年輕的（五年內）Montrachet或是Corton Charlemagne頂極的布根地白酒，那麼以侍酒師的角度就建議必須要醒酒。用來幫白葡萄酒或香檳醒酒的醒酒瓶，與一般的紅葡萄酒醒酒瓶稍微有點不同，白葡萄酒或香檳的醒酒瓶，必須能使溫度保持在比一般紅葡萄酒略低的溫度，所以會有兩種設計。一種是將醒酒瓶底部作成錐形，方便將醒酒瓶置入冰桶內控溫；一種是底部另外設計了一個容器盛放冰塊來保持低溫，再將醒酒瓶置於上方達到持續控溫的效果。香檳亦同。說穿了，香檳就像是加了氣泡的白酒，而白酒則像是失去氣泡的香檳。但香檳在經過醒酒步驟後，氣泡難免會減少是不爭的事實。

## | 醒 酒 換 瓶 |

　　一般在家中醒酒、換瓶其實不需要那麼多的繁文縟節，只要保持緩慢的流速，溫柔地將酒液倒入醒酒瓶中即可。

### 器具

　　醒酒瓶、紙巾、蠟燭

### 流程

　　在標準流程中，必須以蠟燭等微弱光源，來確認最後瓶子裡面的酒渣殘留。另外，醒酒換瓶步驟是將葡萄酒溫柔地倒入醒酒瓶中，如果像漫畫裡誇張地把酒拉得那麼高，使葡萄酒液重力加速度落下，如此粗魯地喚醒葡萄酒睡美人，那睡美人也會有起床氣，以致原有美好的香氣渙散、香消玉殞了！

### ▌醒酒瓶的清潔

Riedel有專門清潔醒酒瓶的不鏽鋼鋼珠，利用小鋼珠密集的滾動旋轉（類似超音波原理）來清潔醒酒瓶瓶底的酒漬。

# 專業侍酒
# 與一般斟酒

## | 氣泡酒侍酒師國際標準侍酒流程 |

各國生產氣泡酒的瓶內大氣壓力，範圍約在2~7個大氣壓力不等，所以在開氣泡酒的時候要十分小心注意。保持以下幾個原則，可以確保開氣泡酒時的安全性。

**器具**

開瓶器、葡萄酒杯具、試酒杯、小盤（放置軟木塞）、紙巾或乾淨棉布（擦拭用）、冰桶

流程

準備好合適的葡萄酒杯具。

與顧客確認酒款品項（酒莊名稱、年份、產區或品種等）。

用侍者之友尾端的小刀，割開瓶頸的錫箔。

04

用拇指按壓住金屬蓋，接著用右手拉出金屬環，並順手解開金屬環。

05

左手大拇指與食指仍扣住木塞，將瓶身整個提起傾斜四十五度，右手托住整個瓶底，順時針緩慢旋轉將瓶塞取下。

06

旋轉直到木塞與瓶口分離，過程中不
能發出巨大聲響。

07

將軟木塞與金屬蓋呈現給點酒的顧客。

08

徵詢顧客的同意，試喝氣泡酒，確認
的時候必須需背對顧客。

09

請顧客確認氣泡酒的狀況。

■ 氣泡酒的開瓶過程要求不能發出巨大聲響才是正確的禮儀。當然，如果有重要的慶祝儀
式，那就盡情地發出令人注目的聲響吧！

■ 女性開氣泡酒時，為求安全，還是用右手轉動木塞比較保險一些。

■ 在整個開瓶過程中，瓶口不能朝向任何人，就算對方是你看不順眼的仇人。因為軟木塞加
上金屬蓋的重量，以及被擠壓出去的速度相當驚人，如果不小心命中臉部，一定會造成十
分嚴重的後果。

順時針方向侍酒（女士優先，年長者
優先）。

最後再將葡萄酒放入冰桶中，並隨時
注意氣泡酒的溫度。

# | 靜態酒 侍酒師國際標準侍酒流程 |

紅白葡萄酒沒有氣泡壓力的問題,所以通常根據所使用的開瓶器,會有不同的開瓶方法。以下使用侍者之友開瓶器,示範侍酒師國際標準侍酒流程。

## 器具

開瓶器、醒酒瓶、葡萄酒杯具、試酒杯、小盤(放置軟木塞)、紙巾或乾淨棉布(擦拭用)

### 流程

01

準備好合適的葡萄酒杯具。

02

與顧客確認酒款品項（酒莊名稱、年份、產區或品種等）。

03

以侍者之友尾端的小刀，沿著瓶口的下方割開錫箔，但是保持瓶身不要轉動也不能傾斜或離開桌面（如果有使用酒籃，必須在酒籃中進行開瓶動作）。取下瓶口錫箔後用乾淨的紙巾或棉布擦拭瓶口。

04

將開瓶器的金屬螺旋鑽入。

05

一段式的旋入後，必須先拉出一部分再旋入第二次，才能把整根軟木塞取出。最後約剩0.5公分時用手掌握住緩慢揉出，要注意別將金屬螺旋鑽過接觸葡萄酒的軟木塞面（Mirror）。

侍酒師以視覺和嗅覺來確認軟木塞的
狀態。

將軟木塞呈現給點酒的顧客。

08

徵詢顧客的同意，試喝葡萄酒，確認的時候必須背對顧客。

09

請顧客確認葡萄酒的狀況。

10

顧客確認後，將葡萄酒倒入醒酒瓶中。

11

〈感謝台北國賓大飯店A CUT STEAKHOUSE 提供場地〉

順時針方向侍酒（女士優先，年長者優先）。

## | 一般斟酒的注意事項與竅門 |

在家中獨飲，或是與親朋好友相聚小酌十分愜意，再怎麼姿勢不優雅或是輔助工具一堆，只要能順利把酒倒在杯子中，如何斟酒其實輕鬆、隨興就好。不過如果是在稍微正式的場合，例如在家中宴請賓客或在較正式的餐廳，或是準備品嘗一瓶難得的好酒時，那麼還是得注意一些斟酒的小細節比較恰當。

> ▌可以在快結束斟酒的那一瞬間轉一下酒瓶，這樣通常留在瓶口的那一滴酒才不會很尷尬地滴在酒杯外面。即使在家中也盡量不要碰到酒杯發出噪音。
>
> ▌最正式且優雅的作法，是準備一條白淨的布巾，於斟酒後擦拭瓶口。
>
> ▌通常還是得把酒標朝著你正在斟酒的對象。
>
> ▌倒酒的分量得視杯子的大小做調整，一般來說1/4到1/3間算是恰當。
>
> ▌女士優先，長幼有序。

# 餐廳點酒時
# 注意事項

## ｜點酒禮儀｜

在台灣，早期品飲葡萄酒的風氣尚不盛行，所以大多數餐廳沒有提供太多的葡萄酒選擇，也因此造成許多消費者開始攜帶自己的葡萄酒去餐廳用餐。這樣一來便會開始導致惡性循環，例如由於餐廳的葡萄酒不易銷售，所以價格居高不下，而顧客只好持續自己帶酒。另外就是酒水服務費的收取，大多消費者可能會覺得收得不合理，但若換一個角度思考，如果帶自己的食材去餐廳請廚房幫你料理，是否也覺得奇怪呢？漁港旁邊的海產店都要收代客料理費用了，那麼我們帶自己的葡萄酒去餐廳，餐廳購買杯子需要負擔破損風險與成本，使用餐廳的杯子，付出人事、清潔的費用也實屬合理。

　　既然談到了使用者付費的觀念，也要談談餐廳該注意的部分。如果真的要合理地收取顧客酒水服務費用，那麼所使用的玻璃酒杯也應該要有一定等級以上的水準（請見P.44酒杯的認識）。不然如果顧客帶了波爾多五大或是名貴的老酒，餐廳卻只提供筵席使用的厚底鬱金香杯，如果再加上不會侍酒的服務生或是不注意葡萄酒溫度、品嘗順序的外場主管，那麼這個費用餐廳收得不夠踏實，消費者付得也不會甘願啊！

　　如果餐廳中有侍酒師，那麼別害羞，盡情地找侍酒師詢問、討論任何有關葡萄酒的資訊。也不用忌諱地告知自己對於葡萄酒的選擇預算，因為侍酒師最重要的工作，就是能在顧客的預算內找到最適合的佐餐酒。如果餐廳中沒有侍酒師，那麼也可以詢問主管那一位人員對餐廳酒單最熟稔。

　　另外像是品飲的先後順序、品飲溫度或是餐酒搭配的問題，也當然不要客氣地找侍酒師討論。而宴客時最容易遇到的預算問題，也可以和侍酒師提前充分溝通，以達賓主盡歡的目標。

### ■ 波爾多五大

法國波爾多（Bordeaux）產區中左岸被世人公認最佳的前五名酒莊，分別為 Château Latour、Château Margaux、Château Lafite Rothschild、Château Mouton Rothschild以及Château Haut Brion。

84

## 過量則有礙健康

　　飲酒適量的微醺帶來愉悅，但是飲用過量就不好了。台灣的西餐禮儀中似乎少了這個部分的考量，在熱情的敬酒與追酒之後，喝進肚子裡的分量已經不是重點，而是最後吐出來的地點和時間點。我想，這絕對是自制力的問題，每個人一定知道自己的底限在哪兒，如果自制力不佳，那麼同飲者也有相對的責任，我相信同桌朋友的克制力，絕對可以彌補本身自制力不足的問題。另外如果宴會場合有類似的情況發生，主人也可以吩咐在場的侍酒師或酒水服務人員，對於已經有點醉意的客人，減少或是限制斟酒分量。

# 酒標
## 的 認 識

### | 法國 | ■ ■

這裡只列舉AOC（Appellation d'Origine Controlée）的一般標示。

### 波爾多 Bordeaux

在酒莊裝瓶

酒莊名稱

酒莊分級

年份

酒精濃度

產區認證

容量

### 布根地 Bourgogne

容量

產區名稱

在酒莊裝瓶

產區認證與分級

酒精濃度

年份

酒莊名稱

香檳 **Champagne**

甜度分級

酒莊名稱

年份

香檳廠位置

葡萄園等級

酒精濃度

容量

裝瓶碼

**裝瓶碼**

關於裝瓶碼，最常見的NM-Négociant Manipulant，指的是擁有自己葡萄園但是也可以買契作葡萄的香檳酒商；RM-Récoltant Manipulant是只使用自有葡萄園葡萄的酒莊；CM-Coopérative de Manipulant為香檳合作社；RC-Récoltant Coopérateur是請合作社釀造但是自己銷售；MA-Marque d' acheteur為向生產者訂製香檳裝瓶後再貼上自己品牌的酒商；SR- Société de récoltants則是葡萄酒農合資的釀酒公司。

## 法國酒標常見用語

**AOC**：法定產區認證，即Appellation d'Origine Controlée縮寫，2011年後將陸續改為 AOP（Appellation d'Origine Protégée），以符合歐盟的法規。

**Blanc**：白葡萄酒。

**Blanc de Blancs**：白中白，亦即用白葡萄品種釀製的白酒，常見於香檳區。

**Blanc de Noirs**：黑中白，僅用黑色葡萄品種釀製的白酒，常見於香檳區。

**Château**：城堡。

**Domaine**：酒莊。

**Grand Cru**：列級酒莊或是特級葡萄園。

**Grand Vin**：頂級酒（由於沒有任何法訂規範，所以不太具有實質上的意義）。

**IGP**：Indication Géographique Protégée，即原本的VDP（Vin de Pays，地區餐酒），新的法令較寬鬆，生產規範較不嚴格。

**Mis en Bouteille au Château／Domaine**：在酒堡或酒莊裝瓶。

**Millésime**：年份。

**Monopole**：獨家擁有葡萄園。

**Négociant**：葡萄酒商（可向葡萄農購買新鮮葡萄或是釀好的葡萄酒）。

**Nouveau／Primeur**：新酒。

**Premier （1er） Cru**：一級酒莊或是一級葡萄園。

**Propriétaire**：地主。

**Rosé**：粉紅酒。

**Sec**：指口感不帶甜味的葡萄酒，但是通常葡萄酒都有殘糖量，只是舌頭比較嚐不出來。

**VDF**：Vin de France，由原先的VDT（Vin de Table，普通餐酒）而來，仍然是法國地區最低等級的葡萄酒。

**VDN**：Vin Doux Naturel自然甜葡萄酒，使用加烈酒或其他方式終止酒精發酵，讓葡萄酒中的殘糖增加而帶有甜味。

**Vieilles Vignes**：老葡萄樹藤，在不同的地區有不同的標準，有時在同一地區標準也不盡相同。

**Vin**：葡萄酒。

軟木塞上常有透明或是白色的酒石酸結晶，這是正常現象，並不會影響葡萄酒的品質。

| 義 大 利 | ■ ■

法定認證

勿隨意亂丟酒瓶

在酒莊裝瓶

容量

產區名稱

年份

義大利產品

酒精濃度

酒莊城堡名稱

### ■ 義大利酒標常見用語

■ Amabile：甜。

■ Amarone：指的是東北部Valpolicella產區
將葡萄自然風乾所釀製的紅葡萄酒。

■ Annata：年份，有時會用Vendemmia。

■ Azienda Agricola：自耕酒莊。

■ Bianco：白酒。

■ Bottiglia：瓶子。

■ Cantina Sociale：釀酒合作社。

■ Classico：傳統產區。

■ DOC：法定產區（Denominazione di
Origine Controllata），類似法國的AOC。
將逐步改成DOP（Denominazione di
Origine Protetta）。

■ DOCG：保證法定產區（Denominazione
di Origine Controllata e Garantita），義
大利產區認證最高級。

■ Dolce：甜。

■ Frizzante：微量氣泡酒。

■ IGT：地區餐酒（Indicazione Geografica
Tipica）。

■ Imbottigliato all'Origine：在原廠裝瓶。

■ Passito：將葡萄風乾後釀成的葡萄酒。

■ Recioto：一樣指的是用風乾葡萄釀成
的葡萄酒，但是出產於義大利東北部的
Veneto省。

■ Ripasso：將Amarone的葡萄渣再加入葡
萄汁釀造而成的紅酒。

■ Riserva：指經過一段時間成熟培養才上
市的葡萄酒。

■ Rosato：粉紅酒。

■ Rosso：紅酒。

■ Secco：指口感不帶甜味的葡萄酒。

■ Spumante：正常氣泡酒。

■ Vin Santo：一樣指的是用風乾葡萄釀成
的葡萄酒，但是只在義大利Tuscana產區
稱之。

■ Vino Novello：新酒。

■ Vino：葡萄酒。

## | 西班牙 |

年份 —————————— 2004

Pétalos                                    酒名
BIERZO                                  產區名稱
DENOMINACIÓN DE ORIGEN                   法定產區認證

Embotellado por:
酒精濃度                                    DESCENDIENTES DE J. PALACIOS          裝瓶者
                              13,5% Vol.  SOCIEDAD LIMITADA
容量                              750 ml.  24500 Villafranca del Bierzo - León - España   酒莊地址
                                          R.E. N.º 8191/LE-00
西班牙產品 —————————— PRODUCT OF SPAIN

產區認證標章 ——————————      Bierzo    06NP363720

## ■ 西班牙酒標常見用語

- ▌ Blanco：白酒。
- ▌ Bodega：酒廠／葡萄酒店。
- ▌ Botella：酒瓶。
- ▌ Cava：西班牙用傳統法釀造的氣泡酒。
- ▌ Cepa Vieja：老葡萄樹藤。
- ▌ Cooperativa Viticola：釀酒合作社。
- ▌ Cosecha：粉紅酒。
- ▌ Crianza：指經過陳年的紅葡萄酒，每個產區有不同規定，但基本最少兩年以上。
- ▌ Demi-Seco：半干型的葡萄酒。
- ▌ D.O.：法定產區等級，Denominación de Origen，將逐步改成Denominación de Origen Protegida（D.O.P.）。
- ▌ DOCa：西班牙最高等級的法定產區認證，Denominación de Origen Calificata，將逐漸改為Denominación de Origen Protegida y Calificada。
- ▌ Dulce：甜。
- ▌ Embotellado：裝瓶。

- ▌ Eepumoso：氣泡酒。
- ▌ Finca：莊園。
- ▌ Gran Reserva：至少兩年以上木桶陳年以及最少三年的瓶中熟成培養的紅葡萄酒。
- ▌ Pago：葡萄酒莊。
- ▌ Reserva：至少一年以上橡木桶培養以及兩年以上瓶中熟成之紅葡萄酒。
- ▌ Rosado：粉紅酒。
- ▌ Seco：指口感不帶甜味的葡萄酒。
- ▌ Vendimia：指採收年份。
- ▌ Viña：葡萄園。
- ▌ Vino：葡萄酒。
- ▌ Vino de la Tierra：地區等級葡萄酒。
- ▌ Vino de Mesa：餐桌酒。
- ▌ Vino Joven：適合新鮮飲用的葡萄酒。
- ▌ Vino Tinto：紅葡萄酒。

| 德國 |

VDP會員標章

法令認可編號
（A.P.）註

容量

品種

產區

含硫化物

酒精濃度

酒莊生產者名稱

年份

甜度等級

---

**註**

**德國葡萄酒法令認可編號A.P.（Amtliche Prüfungsnummer）**

2為葡萄酒所被認證的品嘗中心號碼；576是酒莊的村莊編號；511為酒莊編碼；11為此款葡萄酒編號；06是通過認可的年度／容量／品種／產區／Qmp等級。

### 德國酒標常見用語

▍ Einzellage：單一葡萄園。

▍ Erzeugerabfüllung：酒廠裝瓶。

▍ Gemeinde：村莊。

▍ Grosselage：葡萄園。

▍ Gutsabfüllung：生產者裝瓶。

▍ QbA：特定產區優質葡萄酒，Qualitätswein bestimmter Anbaugebiete。此等級只能使用來自德國國內十三個優質產區的採收葡萄，不過2007年後此等級可以只標示為Qualitätswein（將逐步改成G.U: Geschützte Ursprungsbezeichnung）。

▍ Qmp：德國最高等級葡萄酒，Qualitätswein mit Prädikat，以下分六個等級。依照葡萄的成熟度以及含糖量區分為，Kabinett, Spätlese, Auslese , Beerenauslese, Trockenbeerenauslese, Eiswein。

▍ VDP：德國精英酒莊組織，Verband Deutscher Prädikatsweinguter。

▍ Weingut：酒莊。

| 美國 |

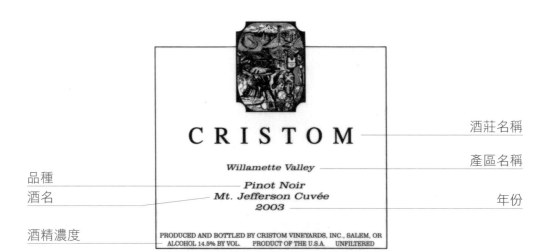

品種

酒名

酒精濃度

**CRISTOM**

*Willamette Valley*

*Pinot Noir*
*Mt. Jefferson Cuvée*
*2003*

PRODUCED AND BOTTLED BY CRISTOM VINEYARDS, INC., SALEM, OR
ALCOHOL 14.5% BY VOL.    PRODUCT OF THE U.S.A.    UNFILTERED

酒莊名稱

產區名稱

年份

## | 澳洲 |

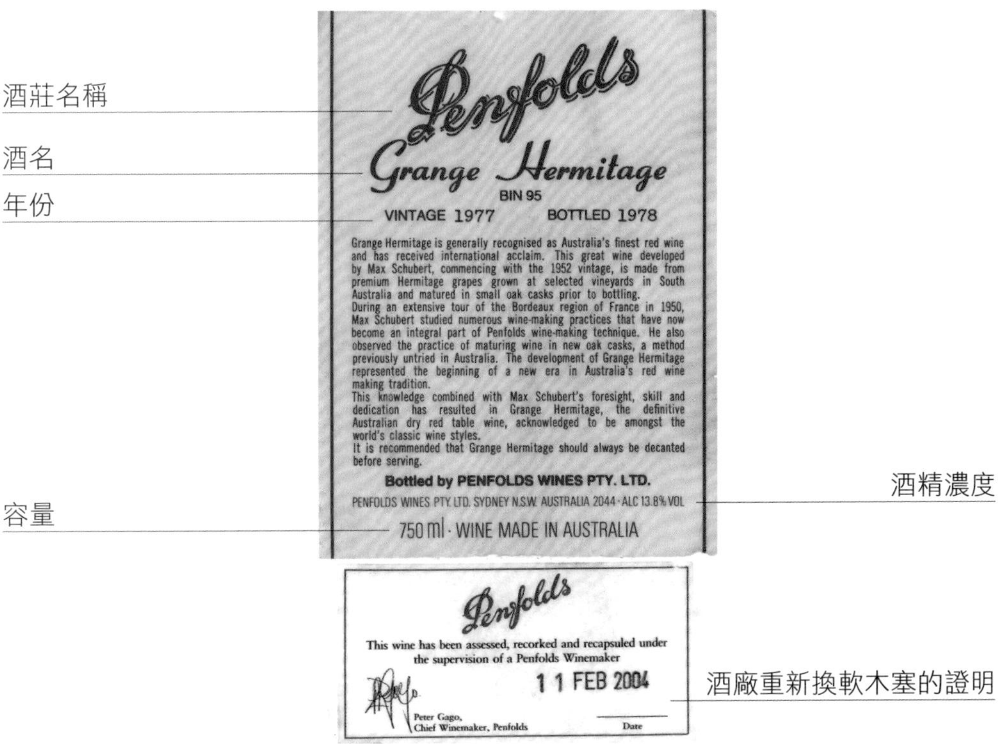
酒莊名稱
酒名
年份
容量
酒精濃度
酒廠重新換軟木塞的證明
Penfolds
Grange Hermitage
BIN 95
VINTAGE 1977
BOTTLED 1978
Grange Hermitage is generally recognised as Australia's finest red wine and has received international acclaim. This great wine developed by Max Schubert, commencing with the 1952 vintage, is made from premium Hermitage grapes grown at selected vineyards in South Australia and matured in small oak casks prior to bottling.
During an extensive tour of the Bordeaux region of France in 1950, Max Schubert studied numerous wine-making practices that have now become an integral part of Penfolds wine-making technique. He also observed the practice of maturing wine in new oak casks, a method previously untried in Australia. The development of Grange Hermitage represented the beginning of a new era in Australia's red wine making tradition.
This knowledge combined with Max Schubert's foresight, skill and dedication has resulted in Grange Hermitage, the definitive Australian dry red table wine, acknowledged to be amongst the world's classic wine styles.
It is recommended that Grange Hermitage should always be decanted before serving.
Bottled by PENFOLDS WINES PTY. LTD.
PENFOLDS WINES PTY. LTD. SYDNEY N.S.W. AUSTRALIA 2044 · ALC 13.8% VOL
750 ml · WINE MADE IN AUSTRALIA
Penfolds
This wine has been assessed, recorked and recapsuled under the supervision of a Penfolds Winemaker
11 FEB 2004
Peter Gago,
Chief Winemaker, Penfolds
Date

# Chapter III

## 品 酒 法

Il n'y a rien au monde que les sauvages, les paysans et les gens de province pour étudier à fond leurs affaires dans tous les sens ; aussi quand ils arrivent de la pensée au fait, trouvez-vous les choses complètes.

Honoré de Balzac

只有野人、農夫和異鄉人才會徹底窮究他們周遭的事物，且當他們行為中展現其思維時，你們將發現完整的事物。

－－巴爾扎克

在品嘗的過程中，經由感官的開發訓練更能提升自我認知。在越來越懂得欣賞葡萄酒美學之後，卻愈感謙卑，因為在接近永恆巨大的美感跟前，我們永遠只是個倉促而短暫的品飲者⋯

對我而言，品酒可以分為「品嘗」以及「品味」兩種層面。「品嘗」必須透過大量的觀察、記錄與描述，因此幾乎是科學而不帶情感的；但「品味」則可以反觀內心，呼喚自我追尋的美感，甚至有朝一日也可以喚起別人的美感，屬於美感與情感的感受。

透過「品嘗」的分析，我們能夠發現從葡萄酒中傳遞出來的土地精神、人文技術以及釀造科學。而「品味」卻需要時間的養成，就像認識一個人一樣，沒有長時間的相處與觀察，如何能真正徹底的了解一個人或是一瓶酒呢？

就算受過長期的訓練與經驗累積，我也沒有把握可以精確傳達出該如何記憶一瓶葡萄酒的風味，畢竟，葡萄酒種類多如繁星，而葡萄酒隨著時間陳年也會出現不同的變化。但樂觀的想，這也意味著我們永遠也品嘗不完世界上的葡萄酒，也不可能完全了解同一款葡萄酒的所有年份（酒莊主人或許可以辦到）。正因為如此，我們才有每天都可以喝到不同葡萄酒的樂趣，這個樂趣不正就是品嘗的動力之一嗎？

# 如何
## 品嘗葡萄酒

　　品嘗如一門「描述學」。在學習品嘗的過程中,也要學會如何描述,進而用最適當的詞彙表達,讓「品嘗」、「描述」與「表達」三者相互共鳴。

　　描述的科學就像我們都了解香蕉的氣味和味道,但是為什麼?其實很簡單,就是因為我們可能嚐過香蕉不下百次,所以香蕉的味道已經被我們的大腦記憶歸類,當下次再度聞到香蕉的氣味時,我們腦海中的印象便會瞬間浮現出香蕉黃澄澄的模樣。有些具有強烈或特殊味道的食物影響更為巨大,例如青色的檸檬,可能光聽見名詞,就開始兩頰生津或是牙齒發酸,這樣的程序就是大腦回應香氣和味道的記憶模式。品嘗的描述必須透過一些方法,或大家所熟知的辭彙來學習描述,如此一來才能更精準地傳達視覺、嗅覺以及味覺三種感官所獲得的訊息。

　　品飲大致分為**視覺**、**嗅覺**以及**味覺**三個部分。雖然看似以味覺為主,但在品飲的科學裡,三種同等重要。其實光用視覺和嗅覺,就已經可以決定這杯葡萄酒將會傳達出的訊息,而味覺只是做為最後的印證。不可否認,在一般的品飲過程中,最後品飲葡萄酒時所帶來的口感,還是最能感動品飲者,並留下深刻印象。不過要再次強調,還是必須是要眼、鼻、口三種感官一起訓練,並加以組織,才是完整的品飲科學。

接下來我先使用一個簡易的品飲表格，帶讓大家輕鬆入門，最後再附上一個較為專業的品飲表格，用來做為比較，你將會發現原來葡萄酒這麼感性的飲料，也可以被科學量化。不過若是平常享受品飲的過程與樂趣，其實什麼規則也不需要，用心好好享受就是了。

**Tasting Note 酒質報告 test de degustation**　　　Name:　　　　　date:

| 酒名： | | | |
|---|---|---|---|
| 酒莊 生產者： | | 品酒日期： | |
| 年份： | 產區： | 品酒地點： | |
| 品種： | | | |
| 酒精度： | 價格： | 類別： | |

眼睛 Appearance

鼻子 Nose

嘴巴 Palate

結論 Conclusion

## | 簡 易 品 飲 表 |

　　第一個欄位中填寫的內容，原則上在酒標上都能找得到，這些都是每一款葡萄酒標中最基本且重要的資訊。酒名通常填入的是酒標上字體最大的資訊，一般而言，新世界的葡萄酒的酒標設計都以酒名或是酒莊名稱的比例最大。而舊世界例如法國布根地（Bourgogne）則是以產區名稱為首。

　　其次像是品酒日期、地點、價格、品種、年份等，都是幫助以後回憶的種子。因為是簡易的品飲表（也是最輕鬆的），可以是自作多情的喃喃自語，也可以是絕對主觀的評斷。既然是寫給自己的品飲紀錄，不妨多些創意與感性吧！正因如此，接下來的幾個項目不是專精在太科學的技術上，只是希望大家能好好傾聽三種感官的聲音，讓品酒過程顯得更有樂趣。

　　其實，每個人在品飲的時候心中都有一把尺，對於各種味道濃淡、多寡、好壞等都在心中劃有刻度，差別只是在剛開始入門者的刻度較大，例如在評斷酸度時可能只有酸與不酸兩個刻度，而隨著品飲經驗的增加，在心中的刻度就會慢慢變細，像是在酸度這項可能會出現非常酸澀、相當酸、有點酸、中等酸度、不酸五個刻度了！所以在傾聽感官之際，我們還要把自己心中的刻度一一找出來。

### 新舊世界

在葡萄酒的世界中常會聽到「新世界」（New World）與「舊世界」（Old World），其實是殖民主義的巧合與餘毒。在殖民時代，新世界指的是當時新發現的美洲、澳洲、非洲等新土地，而這些土地最後也是葡萄酒的新興產國。

# Tasting Note 酒質報告 test de degustation

Name: *Nien*  date: 2012 06.05

| | |
|---|---|
| 酒名：Pouilly - Fuissé | |
| 酒莊/生產者：Louis Jadot | 品酒日期： |
| 年份：2001  產區：Pouilly- Fuissé, Bourgogne France | 品酒地點：家中 |
| 品種：Chardonnay 100% | |
| 酒精度：13%  價格：NT.460 | 類別：白酒 375ml |

## 眼睛 Appearance

漂亮的金黃偏麥桿 澄清亮麗
接近淺琥珀

## 鼻子 Nose

蜂蜜、白色花香、杏桃水果醬、煙燻、礦石、窖陳等香氣不斷交替
香氣濃郁、集中. 最後帶出一絲絲火藥風味

## 嘴巴 Palate

酸度佳、口感厚實集中. 尾韻頗長. 但回溫後酒精感稍明顯

## 結論 Conclusion

也許是年瓶等的因素. 2001年似乎已經開始成熟，也許這
一、二年該喝掉. 不過以合理的價格品嘗成熟的布根地 chardonnay
實屬難得. 扎實的口感可以配醬汁稍微濃郁的白醬雞肉
搭
即使是一些成熟的 Comté, beaufort, mimolette 等起司（重口味）
也十分得宜!!

106

POUILLY-FUISS

Appellation Contrôlée

Élevé et Mis en bouteilles par

LOUIS JADOT

F 21200 - FRANCE

PRODUIT DE FR

## 1 ／ 眼睛－觀

基本上，健康的葡萄酒在有光源的地方下觀看時，都會映著閃亮、淨透的反光，酒液中沒有不明的懸浮物體或是雜質（老酒除外），酒液的顏色也會隨著陳年的時間而有所變化。所以這裡我們先初步觀察酒液的澄清度，以及顏色的主要色調。如果葡萄酒呈現混濁的情況，那麼可以合理懷疑葡萄酒的狀況可能已有變化。不過這時還是得再用鼻子和嘴巴來確認最後的狀態。

## 2 ／ 鼻子－嗅

其實葡萄酒的香氣在品飲美學中占了非常大的比例。試想，單單只有葡萄一種水果，卻可以釀出充滿果香、花香、香料、皮革、煙燻、礦石、杉木等不同風味的葡萄酒。有些香氣在葡萄酒年輕的時候並不會產生，經過緩慢的時間熟成之後卻一一湧現，這無法預測的神奇變化，正是葡萄酒最令人心醉著迷之處。如同昂貴的黑松露或是白松露，珍貴的是其獨特的香氣，神秘且無法仿傚，可是除了香氣之外，其實它的口感卻連新鮮的黑木耳都比不上呢！

在簡易品飲表上，我們只需要以嗅覺辨認出主要的紅色與白色水果色系，如紅色系水果有李子、桑椹、紅莓等；白色系水果則像是白梨、香蕉等，另外就是辨認出香氣的分類。如果想要累積、訓練嗅覺的經驗，不妨買些玻璃小瓶子（台北的後火車站的瓶瓶罐罐店有售），依不同分類收集製作自己的香氣瓶。

▌市售與自製的香氣瓶。

　　很多人會問，要如何訓練自己分辨不同的香氣？香氣就像是一團揉過的報紙，需要藉由一些訓練才能將這團報紙慢慢攤開撫平，攤開後就可以清楚地閱讀與辨別出報紙上的資訊了。

　　體驗香氣的時候可以簡單地搖晃一下酒杯，讓葡萄酒與空氣做較劇烈的作用，而順利的散發出更多、更濃的香氣，方便品聞。而嗅覺的反應能力也可以藉由闔上雙眼，不受視覺干擾專注的嗅聞味道，連結腦中的味覺記憶來訓練，重複這些步驟，將有助於對味道的反應、判斷能力以及嗅覺敏感度。

### 3 ／ 嘴巴一嚐

　　關於品嘗後的口感，在此我們先大致區分成單寧、酸度、甜度、酒精度和持續度來說明。很多剛剛開始品酒的人，一時之間無法適應葡萄酒裡的單寧和酸度，這是很正常的，因為葡萄酒算是外來的西方文化，而單寧和酸度也都需要花時間去習慣及適應。品飲第一口時，先不要急著吞入肚子裡，可以像咀嚼一樣，讓酒液在口中多停留些時間，使舌頭上的味蕾能有多一點時間感受完整的香氣，或是可以稍微地吸入一些空氣，讓味道能更快地發散到整個口腔中。

　　酒精的發酵公式很簡單，整個過程的始作俑者就是「酵母」。酵母以葡萄汁中的糖分作為養分，消化糖分後產生的就是酒精、二氧化碳和熱量。所以酒精濃度的高低，基本上就是根據葡萄汁裡面糖分含量的多寡而決定。每個不同產區、品種、年份所養成的葡萄果實，其糖分含量皆不盡相同，酒精濃度高的並不代表就一定會是比較好的葡萄酒。

　　酒精濃度和酒中的殘糖量最後都會影響對甜度的感覺，在這裡我們可以直接混為一談，先不用太細分。而「持續度」說直白一點就是葡萄酒的味道可以留在嘴巴裡面多久，這個項目最後經常影響到葡萄酒最敏感的一面－－價格！

**結論**

　　在結論欄中可以寫下個人天馬行空的想像，或是為賦新詞強說愁的文青夢囈，甚至是沙文主義的集權評斷，既然是寫給自己的紀錄，多些創意與感性也無妨！ 如此一來可以讓品酒過程顯得更有樂趣。

## | 專業品飲表 |

　　看完簡易品飲表的介紹後，如果大家還維持著盎然的興致，那麼就來進階到比較複雜的專業品飲表吧！這個表格是參考2004年世界侍酒師大賽冠軍Enrico Bernardo所製作的品飲表，也是目前為止我看過最精細的品飲表之一，甚至連國際的葡萄酒評比都沒這麼精細。

# 酒質報告 / Tasting Note　　　Name:　　　　　　日期:

酒莊名稱：

產區：　　　　　國家：　　　　　　　年份：　　　　　　　酒精度：

品種：

## 外觀 / 視覺 / Appearance / l' oeil

| | |
|---|---|
| 色澤 / color / robe | 白酒－無色 / 檸檬綠 / 青黃色 / 金黃色 / 琥珀色 / 深琥珀色<br>紅酒－紫紅 / 寶石紅 / 石榴紅 / 磚紅色 / 橙色 |
| 反光 / reflets | 白酒：青綠色 / 銀色 / 青黃色 / 黃水晶 / 橙色 / 黃銅色 / 栗子色<br>紅酒：黑色 / 藍色 / 紫色 / 紫紅 / 石榴紅 / 磚紅 / 橘色 / 栗子色 |
| 澄清度 / clarity / limpidité | 清澈 / 混濁 |
| 流動度 / fluidité | 濃稠 / 中等 / 流速快 |
| 顏色濃度 / intensity | 低 / 中等 / 高 |

## 嗅覺 / Nose / Le Nez

| | |
|---|---|
| 香氣成熟度 / évolution du bouquet | 年輕 / 成熟 / 陳年 |
| 香氣濃度 / intensity / intensité | 不明顯 / 中等 / 香氣明顯 |
| 果香成熟度 / maturité du fruit | 過於成熟 / 成熟 / 成熟不足 / 腐敗的 |
| 木桶香氣 / élevage en bois | 雅致 / 明顯 / 普通 |
| 品質 / qualité | 極佳 / 優質 / 普通 / 差的 |
| 香氣特性 / nature du bouquet | 純淨的 / 複雜的 / 豐富的 / 直接的 / 奔放的 / 封閉的 / 單純的 / 廣大的 |
| 香氣類別 / famille d'arômes | 水果香 / 花香 / 辛香 / 蔬菜草本 / 木質燻烤 / 動物 / 森林底層 / 其他 |
| 香氣品項 / parfums | |
| 持續度 / persistance | 綿長 / 中等 / 短暫 / 隨即消散 |

## 味覺 / Palate / La bouche

| | |
|---|---|
| 甜度 / sweetness / sucres | 完全不甜 / 中等（平衡）/ 微甜/甜 |
| 酸度 / acidity / acidité | 低酸度 / 中低酸度 / 中酸度 / 中高酸度 / 高酸度 |
| 單寧感 / tannin / tanins | 柔軟無力 / 圓潤飽滿 / 仍有單寧感 / 有稜有角 / 緊澀堅強 |
| 酒精感 / alcohol / alcool | 衰弱的 / 輕柔的 / 一般的 / 稍高的 / 強烈的 |
| 酒體 / body / corps | 衰弱的 / 輕柔的 / 結構的 / 強壯的 / 沉重的 |
| 濃度 / intensité | 不足的 / 中等 / 優秀的 / 強烈濃郁的 |
| 平衡感 / balance / équilibre | 不平衡 / 稍微平衡 / 十分平衡 |
| 持續度 / persistance | 不足 / 短暫 / 中等 / 優良 / 綿長 |
| 品質 / quality / qualité | 差的 / 普通的 / 優秀 / 品質突出 / 無懈可擊 |
| 尾韻 / finish / fin de bouche | |
| 一致性 / harmonie | 不夠一致 / 稍微一致 / 十分一致 |
| 成熟度 / état évolutif | 老酒 / 成熟 / 年輕 / 尚未成熟 |

## 結論 / Conclusion

適飲溫度 /

是否醒酒 /

搭配菜餚 /

■ 英文　■ 法文

| 酒質報告 Tasting Note | Name: *Nien* | 日期: 2011.9.23 |
|---|---|---|

酒莊名稱: *Château Cantelys*

產區: *Pessac-Léognan*    國家: *France*   年份: *2001*   酒精度: *13%*

品種: *70% Cabernet Sauvignon + 30% merlot*

### Appearance / l'oeil / 外觀/視覺

色澤/ color / robe:   白酒- 無色 / 檸檬綠 / 青黃色 / 金黃色 / 琥珀色 / 深琥珀色
       (紅酒) 紫紅 / (寶石紅) / 石榴紅 / 磚紅色 / 橙色

反光/ reflets:   白酒:青綠色 / 銀色 / 青黃色 / 黃水晶 / 橙色 / 黃銅色 / 栗子色
       紅酒:黑色 / 藍色 / 紫色 / 紫紅 / (石榴紅) / 磚紅 / 橘色 / 栗子色

橙清度/ clarity / limpidite:   (清澈) / 混濁

流動/ fluidite:   濃稠 / (中等) / 流速快

顏色濃度/ intensity:   低 / 中等 / (高)

### Nose / Le Nez / 嗅覺

香氣成熟度/evolution du bouquet:   年輕 / (成熟) / 陳年

香氣濃度/intensity/ intensite:   不明顯 / (中等) / 香氣明顯

果香成熟度/maturite du fruit:   過於成熟 / (成熟) / 成熟不足 / 腐敗的

木桶香氣/elevage en bois:   (雅致) / 明顯 / 普通

品質/qualite:   極佳 / (優質) / 普通 / 差的

香氣特性/nature du bouguet:   ex:純淨的 / (複雜的) / (豐富的) / (直接的) / 奔放的 / 封閉的 / 單純的 / 廣大的

香氣類別/famille d'aromes:   水果香 / 花香 / 辛香 / 蔬菜草本 / 木質煙烤 / (動物) 森林底層 其他

香氣品項/parfums: 紅色草果夾雜著些許辛香料·染著動物之感·一些草菇風味·煙燻·甘草·土壤 等複雜的層次·並不時變化。

持續度/persistance:   綿長 / (中等)+ / 短暫 / 隨即消散

### Palate / La bouche / 味覺

甜度/ sweetness / sucres:   完全不甜/中等/(平衡)/微甜/甜

酸度/ acidity /acidite:   低酸度/中低酸度/(中酸度)/中高酸度/高酸度

單寧感/ tannin / tanins:   柔軟無力/ 圓潤飽滿/ (仍有單寧感)/ 有稜有角/ 緊澀堅強

酒精感/ alcohol / alcool:   衰弱的/ 輕柔的/ (一般的)/ 稍高的/ 強烈的

酒體/ body / corps:   衰弱的/ 輕柔的/ (結構的)/ 強壯的/ 沉重的

濃度/ intensite:   不足的/ (中等)/ 優秀的/ 強烈濃郁的

平衡感/ balance / equilibre:   不平衡/ 稍微平衡/ (十分平衡)

持續度/ persistance:   不足/ 短暫/ 中等/ (優良)/ 綿長

品質/ quality / qualite:   差的/ 普通的/ (優秀)/ 品質突出/ 無懈可擊

### 尾韻/evaluation finale

尾韻/ finish / fin de bouche:

一致性/ harmonie:   不夠一致 / 稍微一致 / (十分一致)

成熟度/ etat evolutif:   老酒/ (成熟)/ 年輕/ 尚未成熟

### Conclusion / 結論

仍可感覺到單寧·還有一些硬度在·卻讓人愉快·稍微的酸度帶出後面的餘韻 是一支適合咀嚼回味的酒·沒有太豪華熱鬧的架構·屬於自然純樸的好酒。

適飲溫度/ 16-18°C

是否醒酒: 可以直接在杯中享受酒伴的變化/

搭配菜餚: 乾式成熟的牛排·肋眼等·野味·鴨·雞·禽類·可佐濃重的醬汁像是松露醬汁 秋天的    或是血醬汁等!!

## 第一步：視覺－觀察外觀

　　如前述如果能在有良好光源的環境中，將可以觀察到非常多的視覺細節。相較於簡易品飲表，這裡我們必須進一步觀察酒色的澄清度、流速、反光色澤、邊緣的漸層變化或是氣泡的多寡、密度與上升的速度等，都是讓品飲者能夠開始學習辨別葡萄酒的年份、品種，甚至是產區的重要標記。

## 葡萄酒的色澤

　　**白酒的顏色：**一般的人可能會疑惑，白酒也有顏色嗎？有的，白酒的基本色澤為黃色系，從年輕到陳年會逐步有檸檬綠、青黃色、金黃色一直到琥珀色以及深琥珀色的變化，顏色的成熟也意味著酒體的成熟，而改變白酒顏色是基於「氧化作用」。像是Vin Jaune（法國黃酒）、Madeira（葡萄牙馬德拉酒）、Jerez/Sherry（西班牙雪莉酒）以及Marsala（義大利馬薩拉酒）等，這些酒都經過長時間的氧化過程，使得酒色已經呈現琥珀黃甚至深琥珀色。

　　**紅酒的顏色：**紅葡萄酒的基本色調是紅色系，從年輕到陳年的變化是紫紅色、寶石紅、石榴紅、磚紅色、橙色。雖然顏色會反映酒的年紀，但是在紅葡萄酒的世界裡，顏色並不代表絕對。像是法國的Bourgogne（布根地）出產的pinot noir（黑皮諾），想要讓它變成不透光的深紫色，可能二十年才會遇到一次。相對的義大利Chianti Classico或是西班牙的Rioja，即便新酒的顏色不深，卻也無法抹滅其好品質（不過，最近這些產區的酒色都有愈來愈濃的趨勢）。

### 葡萄酒的反光

反光也像是顏色般一樣，提供另一種類似DNA的脈絡供觀察者檢視。

**白酒的反光**：年輕到陳年的反光變化，從青綠色、銀色、青黃色、黃水晶、橙色，到黃銅色以及栗子色。

**紅酒的反光**：從年輕到陳年會逐步有黑色、藍色、紫色、紫紅、石榴紅、磚紅、橘色一直到栗子色的反光變化。

這裡我們可以發現紅白葡萄酒在年輕時兩種色相極端不同，但是經過時間的醇化和氧化作用後，顏色會愈來愈接近，成為像是淡紹興酒的顏色。

▌藉由光線的折射，可以觀察到葡萄酒表面反光出現不同的色澤。反光的顏色也間接透露出葡萄酒的年齡。

## 白葡萄的反光

### Chardonnay（夏多內）

如果不經橡木桶培養，那麼在年輕時會帶有青綠色以及亮銀色反光。若經由橡木桶培養，則酒體會呈現較深的金黃色，且映著偏向稻稈黃的青綠色。另外在氣候炎熱的產區，一般來說也比氣候較涼爽的產區顏色來的深金黃許多。

### Sauvignon Blanc（白蘇維濃）

喜歡海洋性氣候並且適合年輕時飲用的Sauvignon Blanc，總是如註冊商標般地閃著青綠色反光，經過三至五年的成熟後將轉變成為稻稈黃色。

### Riesling（麗絲玲）

年輕時總帶著一抹淡綠閃著亮銀色的Riesling，有著比其他品種更複雜的身段，依據遲摘（Vendanges Tardives）、貴腐（Selections de grains nobles）以及德國QmP（Qualitatswein Mit Pradikat）六個分級（Kabinett、Spätlese、Auslese、Beerenauslese、Trochenbeerenauslese、Eiswein）的收成情況不同，在酒色上也有所不同。即使在年輕的時候，甜度越高的Riesling顏色也逐漸開始呈現稻稈黃甚至是琥珀色，並且需要非常長的陳年才能發揮她的貴族風華。

## 紅葡萄的反光

### Cabernet Sauvignon（卡本內蘇維濃）

全世界都有種植的Cabernet Sauvignon，年輕時，總帶著招牌的深紫色並閃著紫紅色反光，成熟後轉變成紅寶石酒色及磚紅色的反光。在經典的波爾多產區總混合了其他品種，使得年輕時的酒色常常深不見底。

### Pinot Noir（黑皮諾）

有點像是林黛玉般嬌嫩的Pinot Noir，在顏色上也符合個性，清澈亮麗的紅寶石色邊緣甚至有一點呈現半透明，但年輕時Bourgogne（法國布根地）產區的Grand Cru總會帶上一抹紫紅色反光。酒色成熟後會轉成番石榴紅和磚紅色的反光。

### Syrah / Shiraz（席哈）

原生於法國南部，卻在澳洲發光發熱的熱門品種。年輕時的顏色深紅但呈現些透明，並且挾帶著藍黑色的反光，經過漫長的成熟後會轉變成明亮的磚紅色。

## 澄清度

澄清度是判斷葡萄酒品質與年紀的另一個重要指標，可以將酒置於光源與眼睛之間以便觀察。紅葡萄酒在培養的時候，會經過換桶程序（Le soutirage）來分離第一年培養時沈澱的酒渣，接著又可能有過濾或是澄清的手續，所以基本上剛裝瓶的紅葡萄酒應該都是澄清明亮的。經過時間陳年之後，紅葡萄酒中的花青素開始氧化而產生沈澱（這也是為什麼隨著時間的陳年使得紅葡萄酒的酒色會愈來愈淺的原因），所以如果想要開一瓶老年份的葡萄酒來品嘗時，最好能在至少一週前直立葡萄酒讓酒裡面的酒渣慢慢沈澱，另外也方便在開瓶的時候進行換瓶（décantation）的動作。

白酒或是粉紅酒因為沒有顏色的干擾，所以較容易觀察判斷，年輕健康的白酒在光線的透視下，應該能呈現幾乎閃亮的晶透感。相反的，如果在年輕的白酒中仍然能用肉眼看到懸浮物或是已經混濁，那麼可以合理懷疑這瓶酒有可能已經變質了。

另外，因為儲藏溫度較低而造成酒石酸的結晶，或多或少都會出現在瓶底或是附著在軟木塞底面上，這是自然的結晶物，並不會影響葡萄酒本身的口感，這些結晶本身較重，可以一樣簡單地藉由換瓶的動作來避開。

最後，現今流行的自然派未過濾裝瓶，目的通常是為了保留葡萄酒中最多的香氣與結構，這些酒年輕的時候似乎更為華麗濃縮，但是經過陳年後，誰也不能保證品質。所以必須再經由嗅覺和味覺的檢驗來評斷是否仍然健康可飲。

### 流動度

　　酒液的流動速度可以藉由晃動玻璃杯後，靜止觀察透明液體流下來的痕跡來作判斷。這些流下來的痕跡我們叫做酒淚（larmes du vin）或是酒腳，流動的速度與酒精度及含糖量相關。通常酒精度愈高則流速愈慢，可以試著比較高粱酒和普通水的流速，便能輕易了解其中差異。運用流速的快慢可以再度釐清是否容易釀造出高酒精度的品種，或是不容易成熟而導致酒精度較低的產區。

　　不過由於流動度是物理現象，所以也受使用杯子的材質、殘留的清潔劑，甚至是空氣溫濕度的影響，與葡萄酒的好壞品質並沒有絕對的關連。

## 顏色濃度

　　顏色濃度的檢視，在紅、白葡萄酒上呈現出完全相反的結果，紅葡萄酒通常愈年輕的顏色濃度越高，而白葡萄酒則完全相反。不過在這樣的前提下，不同葡萄品種的顏色基準也有所不同，舉例來説，紅葡萄品種Cabernet Sauvignon、Syrah、Merlot、Cabernet Franc、Malbec、Carmenere等所釀出來的顏色濃度就相當高。而白酒顏色濃度高則不是來自品種，而大致是採收和釀造上的不同所造成，例如遲摘（vendanges tardives）、貴腐（Sélection de Grains Nobles；SGN）、黃酒（Vin Jaune）、麥稈酒（Vin de Paille）、雪莉酒（Jerez/Sherry）或是自然甜白酒（Vin Doux Naturel、VDN）等。

　　中等顏色濃度的紅葡萄品種包括Pinot Noir、Nebbiolo、Grenache、gamay等，白葡萄品種則有Chardonnay、Viognier、Chenin Blanc、Roussanne等。

　　顏色濃度低的情況大多出現在沒有太多殘糖，或是沒有經過橡木桶培養的白酒，例如Sauvignon Blanc、Muscat、Sylvaner等。紅葡萄酒則是除非是熟透了，甚至已經熟過頭了，才會有這樣的狀態。

## 第二步：嗅覺－葡萄酒的香氣

在吃下第一口老滷汁的滷肉飯之前，你是否仔細聞過那淋在三分肥七分瘦碎肉上晶瑩剔透的滷汁風味？又是否曾經注意到燙青菜淋上的蔥油，多了或少了蝦米的香氣有什麼不同？

不可否認，嗅覺的開發總是人類感官裡面最弱的一環。因為它不像鮮艷的顏色搶眼，也沒有酸、辣的重量，更沒有名牌香水激發出的賀爾蒙衝動。但是，在伴隨著酒精散發出來的微弱香氣裡，蘊藏了品嘗過程中開啟關鍵判別的鑰匙！它能夠讓我們辨別出葡萄品種的主要特徵、發現其不同產區甚至是氣候年份。

嗅覺的訓練其實不難，試著閉上眼睛，斷絕聲音干擾，想像某種令你印象深刻的特殊或常見物品、食物或是花卉的氣味。例如蒜頭、切開的青辣椒、剛剝開的柑橘等，試著在腦海中呈現這些物體的樣貌，然後回憶這些物品的味道，進而想像這些味道在鼻腔中的感覺。重複這些步驟代表著我們訓練大腦，重新認知及確認這些味道，再次歸納和加深嗅覺記憶。

葡萄酒中的香氣感受常讓亞洲人感到困惑，畢竟品酒科學是西方的文化而非東方的，所以當在形容品聞到的香氣時，大多使用的也是令亞洲人陌生的物品種類。想要增加自己的嗅覺經驗，第一步就是不要抗拒這些看似生硬的西方名詞，這些外來的蔬果、香料、核果、花卉，在很多中、高級的超級市場裡都不難找到。再來就是根據自身的經驗，去識別所聞到的香氣，這樣就能慢慢建立起屬於自己的香氣資料庫。

## 白葡萄的香氣

### Chardonnay（夏多內）

百變風貌的Chardonnay如果未經橡木桶培養，那麼在年輕的時候會帶著像是西洋梨的白色系水果風味，如果經過橡木桶培養，就會開始轉變成帶有油脂味較多的例如牛油、奶油土司或是核桃等風味。

### Sauvignon Blanc（白蘇維濃）

這最具品種特色的白葡萄品種，常常帶著強烈經典的招牌香氣，像是剛切開的芭樂、百里香、蘿勒、薄荷、新鮮綠胡椒等。

### Riesling（麗絲玲）

漫著綠檸檬及柑橘類，還有招牌的葡萄柚皮風味，有時濃鬱的程度甚至接近像是汽油的揮發味。陳年後可以發展出荔枝、白松露或是百香果氣息。它就是這副貴族調調，總讓人不是極喜愛就是極厭惡般地逃離。

## 紅葡萄的香氣

### Cabernet Sauvignon（卡本內蘇維濃）

年輕時總是肆無忌憚地湧出黑色水果、紅椒粉、綠色植物的青梗味道，以及挾雜了甘草和香草莢風味，甚至有時濃郁到接近油墨的氣味。如果沒有經過橡木桶培養，陳年後會出現成熟的黑松露風味，而經過橡木桶則有煙燻、雪茄、咖啡等香氣。

### Pinot Noir（黑皮諾）

在年輕時就展現大量像是櫻桃、覆盆子的紅色莓果味，成熟之後則轉變成酸梅、水果加烈酒、蕈菇、森林底層及動物毛皮味。

### Syrah/Shiraz（席哈）

黑莓、李子、黑胡椒等黑色漿果伴隨著紫羅蘭香氣，陳年後會發展成為優雅的皮革、焦油、野味等味道。比較特別的一點是以Shiraz出名的澳洲產區，常常會出現尤加利葉的香氣。

## 香氣的成熟度

　　根據品種的個別特性，在這個階段我們可以開始抽絲剝繭地展開葡萄酒在瓶中的歲月脈絡，可以開始察覺判斷葡萄酒是否仍然年輕、開始成熟，還是已經步入陳年？

　　一般來說，年輕的葡萄酒通常會呈現出新鮮的香氣，像是新鮮的水果如葡萄、柑橘、檸檬、蘋果、奇異果、紅黑色莓果等；又或新鮮的香料如百里香、薄荷、香茅等，也因為正值年輕，通常香氣也比較濃郁奔放。

　　當開始步入成熟期，這時香氣大幅度的改變人工香氣是仿傚不來的，一到「成熟期」後，另外也會轉成類似胡椒、肉桂、丁香等比較深色系的辛香料氣味。至於完全成熟後進入陳年階段的香氣更是讓人驚艷，可能出現完全與原本葡萄八竿子打不著的巧克力、咖啡、蜂蜜、硝石火藥、煙草、動物毛皮、乾燥的蕈菇、松露等令人著迷的陳年香氣。

　　這些時間香氣，即便用醒酒瓶醒再久也都無法複製。不過，以上這些天然且美好的風味，都必須持續地存放在保存良好的環境中，葡萄酒才能擁有健康的體質。

　　但是不同產區、不同年份、不同品種都有不同的變化，且陳年潛力也完全不同。甚至同一桶裝瓶的酒經過二十年後，兩瓶喝起來的風味也可能完全不相同。在數次的Château Mouton 1982品嘗經驗中發現，只有兩次接近心目中理想的標準（畢竟某位名家給了滿分100分），其他的也只是獲得「不錯」兩字罷了。回想有次品嘗Château Ausone 1975，剛開瓶時一直冒出奇特的檀香味，其他的香氣都沒有出現。但是經過四十分鐘之後，森林底層、乾燥的牛肝菌夾雜著些許咖啡甘草等，各種優雅細緻的香氣汩汩流出，足以讓當場品飲的人都嚇了聲，沉浸在這個美妙的時空裡。

CHATEAU AUSO
SAINT·EMILION

APPELLATION
SAINT-ÉMILION 1er GRAND CRU CL
CONTROLÉE

1975

Vve C. VAUTHIER & J. DUBOIS-CH
PROPRIÉTAIRES A SAINT-ÉMILION (GIRON

MIS EN BOUTEILLES AU CHATE

## 香氣的濃度

　　香氣的濃度可以簡單地分成明顯、中等、不明顯三種，基本上是以尚未搖晃杯子前第一次輕輕聞到的印象為基準。因為香氣的濃度主要與分子物理、溫度高低相關，搖晃酒液並不會有太大的改變。不過香氣的濃度只是個比較值而不是絕對值，像是有些新年份的Bordeaux在五年內打開來喝可能香氣濃度頗低，這時再依據顏色和口感的交叉判斷後，我們還是可以斷言其仍具十足的陳年空間。這個階段香氣只是封閉起來，而非這瓶酒的品質不佳。

## 果香成熟度

　　果香的成熟度能夠明顯地指出，在葡萄生長過程中整年的氣候變化。炎熱的氣候可能會使得葡萄酒帶有過於成熟的風味，造成像是煮過的果醬及帶有水果蒸餾酒的酒精風味。

　　「絕佳的年份」意味著：在葡萄需要陽光的時候，出現合適的日照，不是豔陽高溫，也不是時晴時陰的多雲灰日；而發芽的時候也沒有溫度過低導致霜害，或是開花後遇到狂風冰雹而落果，這種稱之為「絕佳年份」的天氣，會讓葡萄恰如其份的風味表現，在年輕時充滿新鮮的水果風味，陳年後展現深邃複雜的陳年香氣。

　　成熟度不足的年份將會給予葡萄較為青綠色的風味，像是新鮮菠菜、綠胡椒等。而且往往伴隨著過高的酸度和單寧的青澀感，如此一來，使得這瓶葡萄酒注定呈現出較為不平衡的整體感。

## 木桶香氣

　　全世界約有六百種的橡木品種，其中約有三種屬於白橡木品種適合用來當作橡木酒桶，分別是原產於美洲的Quercus Alba、歐洲的Quercus Sessilflora和Quercus Robur。

　　木桶香氣的表現可以用來判斷新舊木桶使用的比例、木桶的好壞以及木桶的烘烤程度。但是使用木桶並不代表著有絕對的好壞。就像化妝一樣，天生麗質的年份或葡萄，淡妝濃抹皆能為葡萄酒的表現加分，若年份或葡萄本身的體質不佳，過多的修飾反而凸顯過重且不平衡的木桶香味。目前也有越來越多的酒莊只使用舊木桶或是水泥槽來培養，甚至完全不用橡木桶。例如Margaux產區的Château Bel Air - Marquis d'Aligre，全程在水泥槽中發酵培養，裝瓶後一直陳放到成熟後才上市，最新的年份最少都超過十年，甫開瓶複雜充滿層次的香氣便流洩而出，更透露著純淨的能量。

▎礦物的香氣大都與地表上的岩石氣味相類似。

## 香氣特性

　　在繼續分析香氣的特性之前，我們已經大致的分辨香氣的成熟度、濃度、果香的成熟度以及木桶香氣，在此可以稍微總結一下。我們可以初步判定香氣品質是「非常傑出」、「不錯的」、「普通的」還是「不及格的」，如果已經是不及格的香氣，那麼進一步的細節分析也不具太大意義。

　　香氣特性在科學的分析裡算是比較感性、抽象的一面，這裡只能透過描述來稍微傳達，正因為是「感覺」，所以每個人的感受幾乎都不同，而形容抽象的感覺也無法量化，只能盡量用「具象」的形容詞來慢慢勾勒出這樣的「感覺」。而且若經過時間以及經驗的洗禮後，每個人的感覺都還會變化，不過這也是整個品飲的美妙之處，不是嗎？

## 香氣特性種類

| | |
|---|---|
| **封閉的** | 香氣一直是微弱的、悶悶的感覺,但是仍然可以感受到有深厚的潛力,而非似有若無的渙散感。 |
| **開放的** | 各種香氣已經能夠從容不迫地散發出來,並且符合該有的陳年階段,例如還年輕時就散發新鮮香氣,而陳年後則有陳年的香氣。 |
| **燒烤的** | 散發的香氣有很強烈的烤土司香氣(不加奶油的)。 |
| **煙薰的** | 在重烘焙的新橡木桶中,陳年的葡萄酒容易帶有類似燃燒木頭的香氣。 |
| **木桶的** | 在新橡木桶裡培養的葡萄酒會帶有類似乾果、香草、甘草以及可可等香氣。 |
| **礦物的** | 有明顯的如板岩、頁岩、片岩、硝石、石灰等礦石風味。 |
| **芳香的** | 主要為帶有新鮮的水果風味以及新鮮草本香草類氣味的葡萄酒。 |
| **單一的** | 意味這瓶葡萄酒的香氣只局限於同一種類的香氣。 |
| **單純的** | 指的是簡單容易辨別出品種及產區的葡萄酒。 |
| **豐富的** | 有著很多不同的香氣類別。 |
| **複雜的** | 除了有多種不同類別的香氣之外,還會隨著時間不斷變化,兼具深度及廣度。 |
| **純淨的** | 大致指沒有經過木桶陳年的葡萄酒,屬於容易辨別出品種或產區的葡萄酒。 |
| **化學的** | 帶著有點刺鼻的亮光油漆、熄滅蠟燭、乙醚的氣味。 |

● 本表之分類為常見的主要類別,實際上葡萄酒的香氣可再細緻區分出更多類別

### 香氣類別

　　香氣的類別我們可以從一般常見的香氣輪盤圖（如右頁圖）窺見一二。主要的香氣類別會有水果系、蔬菜草本系、花香系、辛香料系、木質燻烤烘焙系、動物系、森林底層系以及其他香氣系。有些香味系底下還有一些小分類，最後才是很細節的「香氣品項」。關於香氣品項的內容，以下將進一步說明。

**香氣輪盤圖**

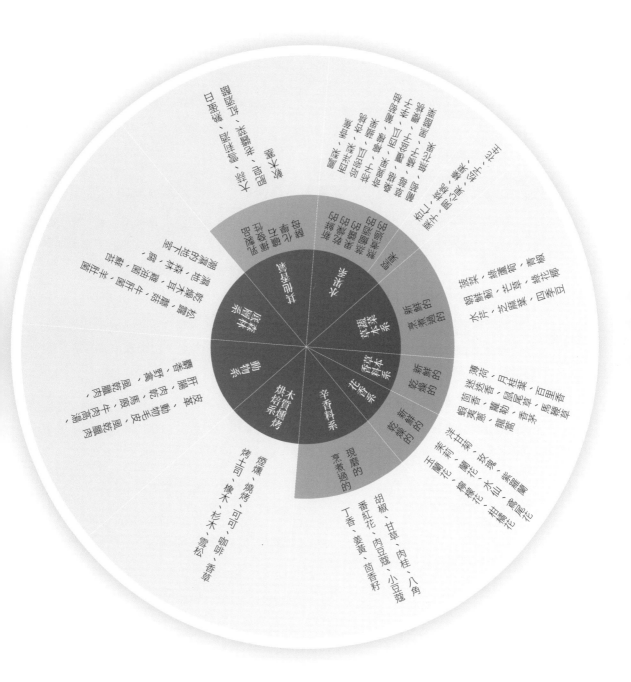

### 香氣品項

香氣品項由香氣的類別再往下細分：

**水果系（fruit）**〉新鮮的／乾燥的／果醬的／堅果／蒸餾酒的／熬煮過的

　　新鮮的水果就是一般能在市場中買到的水果，無論是淺色系或是深色系、帶籽或沒有籽、含水分多或是濃郁的。如：鳳梨、香蕉、西洋梨、杏桃、哈密瓜、蘋果、柿子、檸檬、葡萄柚、奇異果、西瓜、李子、桑椹、覆盆子、櫻桃、草莓、橘子、黑醋栗、葡萄、無花果等。

　　而乾燥水果的味道會染上似太陽光照射後的濃縮風味。現在可以在大型超市買到各種乾燥水果乾的零嘴，不妨各買一些回來試試，像是乾棗、蜜李乾、杏桃乾、無花果乾、柿子乾等。

　　果醬香氣與乾燥香氣最大的不同，在於果醬香氣帶著比較溫潤甜美的感覺，甚至有種煮白糖水的滋味。不過因為糖分很高，所以幾乎隨時會有砂糖的味道相隨，我們可以從各種不同口味的果醬中體會練習。

　　堅果類有杏仁、核桃、榛果、栗子、開心果、松子、花生等，這些香氣比較常出現在某些成熟的白酒中。

　　水果蒸餾酒的風味因為帶著較高濃度的酒精而有些許的刺激感，伴隨著酒精的揮發性，有時香氣也會和濃郁的花香類似。

## 蔬菜草本系（vegetative/végétal） 〉新鮮的／烹煮過的

菠菜梗、綠蘆筍、青椒、朝鮮薊（artichoke/ artichaud）、芒草、綠花椰、水芹、芝麻葉（arugula /roquette）、四季豆等。這些屬於青綠色的蔬菜氣息，間接暗示了在採收季節葡萄不完全成熟的原因，這也意味著葡萄可能來自涼爽氣候或是較為寒冷的年份。

## 草本香料系（herbaceous/herbes aromatiques） 〉新鮮的／乾燥的

薄荷、月桂葉、百里香、迷迭香、鼠尾草、馬鞭草、茴香、蘿勒、香茅、蝦夷蔥、龍蒿等。新鮮的草本香料系很容易在未經橡木桶培養的年輕白葡萄酒中發現，而經過橡木培養過的紅葡萄酒或是種植氣候比較溫暖的地區，較容易出現乾燥的風味。

## 花香系（floral/ fleurs） 〉新鮮的／乾燥的

像是洋甘菊、玫瑰、紫羅蘭、茉莉、蘭花、水仙、鳶尾花、玉蘭花、檸檬花、柑橘花等。新鮮的香氣帶著比較濕潤的味道，乾燥的則帶有陽光的感覺。只要逛一逛花卉市場，就可以輕鬆的嗅到這些新鮮香氣。而乾燥過的只要每次喝花茶之前多留意一些，便可以明白體會之間的差異。

▌野外總有各式各樣的花草可供嗅覺體驗。

在台灣，驅車三個鐘頭內一定可以進入山區，超過1,500公尺的高山會出現杉木等高海拔樹木。

## 辛香料系（spices／l'épice）〉現磨的／烹煮過的

　　胡椒（黑、紅、綠、白）、甘草、肉桂、八角、番紅花、肉豆蔻、小豆蔻、丁香、姜黃、茴香籽等。通常經過橡木桶培養的葡萄酒會出現這些味道，有些特殊的葡萄品種在陳年之後會逐漸發展出來，另外像是Shiraz本身就帶有黑胡椒的香氣分子。

## 木質燻烤烘焙系（woody／bois）

　　煙燻、燒烤、可可、咖啡、香草、烤土司、橡木、杉木、雪松等。這裡指的並非葡萄本身帶有或製造出的香氣。因為培養葡萄酒的橡木桶，橡木要經過加熱處理，才能彎曲加工成木桶，而直接受火烘烤處，正是直接接觸葡萄酒的橡木桶內部，因此在培養葡萄酒的過程中，也把這些味道帶入酒裡了。

## 動物系（animal）

　　通常有皮革（leather/ le cuir）註、動物毛皮（有人常好奇這是怎麼樣的味道，其實很簡單，找一隻一週沒洗澡的狗大概就能體會了）、風乾臘肉、肝腸、肉乾、馬廄註、牛肉高湯、麝香、野禽等。這些香氣一般會在成熟的紅酒中出現，一般人剛接觸到這樣的味道出現在葡萄酒中時會感到突兀，但是一旦愛上就會無可自拔，如果能搭上一盤上好的乾式熟成牛排，或是秋天狩獵季的野味，那麼你會分不清楚這一瞬間是身處地獄還是天堂。

### 註

**皮革**：死亡酵母的蛋白質與紅葡萄酒的單寧結合後，經常會出現這樣的味道。由於單寧有軟化肉類蛋白質的作用，所以在製作皮革的時候也會加進植物提煉的單寧來進行鞣皮。

**馬廄味（stable/ écurie）**：主要氣味來自葡萄酒裡自然存在的4-乙基苯（4-Ethylphenol），濃度適中的時候會呈現高雅的皮革香氣，但是濃度過高時，則會產生類似馬廄味。但是有些葡萄酒因為裝瓶後缺乏氧氣而產生所謂的還原味（réduction），也會產生類似金屬、肉類、動物等氣味。不過還原味在經過適度的醒酒與空氣接觸後即會消失。

## 森林底層系（undergrowth/sous-bois）

　　松露（la truffe）、蘑菇、牛肝菌（le cèpe）、羊肚菌（la morille）、乾燥木耳、雞油菌（la girolle）、蘚苔、濕地、森林、腐土（humus）、潮濕的地下室等。這些都是葡萄酒成熟的香氣，有可能要一、二十年的陳年時間才會開始展現。

▋ 高山區俯拾皆是的蘚苔類。

## 其他香氣系 〉乳製品／揮發性／礦石／化學／酵母

　　組成葡萄酒香氣的成分相當複雜，每一種葡萄或是每一個產區都有可能出現各種情況變化，有些可以豐富葡萄酒的深度與複雜度，也有些暗示著保存上的問題。奇怪的味道會像是大蒜、氧化的雪莉酒、熟蛋白、肥皂、老醬菜、紅酒醋、軟木塞等氣味，有時候讓酒在杯子裡靜置一下就會散去，如果不會，最後再檢驗口感後也不適合飲用，那麼這瓶葡萄酒可能已經衰敗死亡，必須忍痛放棄。

　　乳製品像是牛油、優格、酸奶、乳酪等原料來自牛乳的加工產品。

　　揮發性物質有例如無鉛汽油、香蕉水、油漆、塑膠等略帶刺鼻的香氣，像是在Riesling葡萄中常常會有招牌的汽油味。

　　特殊的礦石風味似乎來自根部深入土質的結果，雖然有些研究並不認為土壤深處的成份會影響葡萄的風味，但是浪漫的酒農或是品飲者總是這樣聯想來，讓葡萄酒顯得更加迷人，甚至有人直接舔地上撿的石頭來分辨礦石的特性。

　　化學物品像是硫磺、火藥、帶點海草的碘味，或是堆了數天的濕紙板氣味都可能是葡萄酒中會出現的味道，有些暗示出品種或是產區的特性。一般來説因為釀造方式的關係，氣泡酒或多或少都帶有酵母的獨特香氣，可以在超級市場買到粉狀的化學酵母，加入溫水後便可以感受酵母的風味。

　　最後無論如何，過多或是太強烈的香氣，將讓葡萄酒失去平衡甚至無法飲用。另外值得提醒的是，葡萄酒的香氣和口感開瓶後都會隨著時間而變化，所以剛開瓶時的香氣和口感，與三十分鐘、六十分鐘、兩個小時後的香氣和口感有可能是完全不同的，所以在記錄香氣的品項下面不妨加入時間單位，如此一來也可以作為是否需要醒酒的參考依據。

▌ 天然軟木塞無法百分之百保證陳年品質。

## 香氣的持續度

　　香氣的持續度像是香氣部分的句點。如果是短暫或是立即消逝，那麼這瓶酒的給人的印象便不會太深，如果對這瓶酒的香氣印象不深，價格又高，那麼我想就很難再次觸動購買的慾望了；相反的，如果價格漂亮，而香氣持續綿延悠長，那麼出現在餐桌上的次數一定會增加，所以雖然只是一個持續度的問題，卻也開始牽涉到葡萄酒經濟學了。而要完整觀察到一瓶葡萄酒的香氣持續度，必須老實地花時間從一開始觀察到最後，這也是在大型評酒比賽或場合中很難做到的一點，因為可能一個上午下來必須品嘗完一百款不同的葡萄酒，如何每瓶酒都能觀察到最後一刻呢？這也就再度證明酒評分數只是個參考，還是自己親自感受最重要。

### 葡萄酒的口感（品味）

　　人類舌頭上的味蕾大致都可以辨別五種味道：酸、甜、苦、鹹、甘。這裡並沒有大家熟知的辣味及澀味，因為辣味其實是痛覺不是味覺，是味蕾受到刺激造成的灼熱感。至於澀味，則是葡萄酒中的單寧成分阻斷了口腔唾液的黏稠性所帶來的感受。另外，舌頭上的味蕾分布感受的不是單一區域的味覺，而是感受不同味道強度的分區。

　　口感的體認可以從酒色的視覺分析，以及香氣的嗅覺檢驗這兩種步驟來再次確認。口感容易因個人喜好而左右判斷，不如香氣表現般可以客觀，但口感卻是直接與身體感官接觸，更具有真實意義。並且，在口感的餘韻、層次及和諧度上，對於葡萄酒的陳年潛力和世俗價值可獲取更明顯有力的證據。

　　葡萄酒大致上是由「甜度」、「酸度」、「單寧」、「酒精」這四種元素來構成我們所感受到的口感架構。在口腔中我們可以先初步將口感分成柔軟或堅硬兩邊，其中讓口感偏向柔軟的有糖分、酒精和醇類物質，相對的酸度和單寧會驅使感覺偏向另外屬於堅硬的一邊。不可否認，每一個元素皆有其扮演的角色及重要性，好的葡萄酒就是在這四者之間取得該有的順序與位置，甚至最後讓品飲者分不出來先後順序和比例。

口感架構

## 甜度（糖分） 〉 完全不甜／中等（平衡）／微甜／甜

　　雖然酒精或是醇類物質也會為口腔帶來甘甜的感受，但是這裡的「甜度」指的是葡萄裡天然的果糖和葡萄糖。口感的甜度上大致可以分為四個等級：完全不甜、中等（平衡）、微甜、甜。

　　「完全不甜」意味著酒液中幾乎沒有感覺到一絲絲的糖分甜味，類似像是香檳的Brut nature（又稱non dosé或dosage zéro）這個口感等級，也就是説，一般覺得已經有點酸而且不甜的Brut香檳等級只能算是「中等」的範圍。因為這個等級的香檳只要每公升殘糖量不超過15公克即可，而一般香檳大廠通常都會介於10～14公克（如果你拿10公克的糖秤一下，會驚訝這10克的糖其實不算少）。其實是因為葡萄酒裡仍然有著極高的酸度，來平衡這些葡萄酒中的殘糖量，而讓我們感覺微甜的分量可能已經到達每公升50公克，最後能讓我們味蕾覺得很甜的葡萄酒，通常往往已經超過每公升100公克了。

▌ Brut Nature雖然可能不會再添加糖分，卻也不見得會酸到姥姥家去。

酒精來自糖分的發酵，所以當口腔仍然能感覺到糖分時，代表葡萄酒裡仍有糖分沒有完全轉化成為酒精。這樣的結果可能來自「較炎熱」的年份（因為炎熱的氣候讓葡萄愈發成熟甜美，但是酵母大致會在達到酒精濃度15度時就會逐漸死亡），或是「採收及釀造方式」的不同。像是釀造香檳時，最後添加的補糖液（liqueur d'expédition：內含調和的基酒、酵母及糖分）來決定香檳的口感類型（參見附錄P.289）。因採收和釀造方式而帶來糖分的作法，是在酒精發酵過程尚未完全結束前，加入蒸餾酒來終止酒精發酵，使得酒中留有未發酵的殘留糖分，例如自然甜酒VDN（vin doux naturel）或 葡萄牙波特酒。

法國Jura產區的麥稈酒（vin de paille）

　　另外更有使用「自然乾燥法」，利用陽光或是乾燥氣候讓採收的葡萄自然喪失水分，進而提高糖分濃度，像是法國Jura產區的麥稈酒（vin de paille）或是義大利東北Veneto產區的甜白酒Recioto等。或是延後採收葡萄的時間，「晚採收」讓葡萄更為成熟，使得含糖量增加，像是法國東北部Alsace產區的遲摘等級（vendanges tardives）或是德國的Spätlese、Auslese。

　　也有某些特殊產區讓葡萄沾染了所謂的「貴腐黴」（Botrytis cinerea），菌絲會穿過葡萄皮而吸收葡萄果肉裡的水分，讓葡萄糖

1. Alsace的SGN（sélecion de grains nobles）
2. 德國冰酒Eiswein

分以及香氣濃縮，例如Alsace的SGN（séletcion de grains nobles）或是德國另外兩個等級BA（Beerenauslese）和TBA（Trockenbeerenauslese）。最後，還有利用氣候的「嚴寒」，在葡萄自然冰凍下採收釀造，像是德國冰酒Eiswein或是加拿大冰酒icewine。當然，在酒精發酵過程中，或是酒精發酵完成後酵母死亡水解自然產生的「多元醇」（俗稱甘油）也會帶來甜味。

**酸度** 〉低酸度／中低酸度／中酸度／中高酸度／高酸度

　　我想酸度是想要持續品酒的最初步驟，也是最大的一個關卡，就如同好的單品淺焙咖啡（例如肯亞ＡＡ），明亮的果酸總是能讓初飲者無法理解。一般來說，剛開始接觸葡萄酒的人都比較能接受比較圓潤甜美的口感，就像沒有人一開始就會喜歡青蘋果那近乎尖銳咬口的酸。酸度很現實，不是讀完這段就能體會，也不是剛吃完麻辣鍋就可以接受，必須靠著不斷的品嘗以及時間的累積，來讓自己對於酸度的感受和接受度進化。

　　生產於涼冷產區的葡萄酒一般也會比溫暖產區的來得酸，而不同的酸度也帶來不同的口感感受。酸度來自葡萄本身的蘋果酸、檸檬酸以及酒石酸或是發酵產生的乳酸，酒石酸最堅硬、蘋果酸相當強烈青澀（類似青蘋果的酸味）、檸檬酸較為清爽脆口、乳酸則是溫文儒雅（像是優酪乳）。

　　酸度與糖分可說是亦敵亦友，漂亮的酸度可以中和過多的甜膩感，為葡萄酒帶來活力與層次，反之則會讓酒變得呆滯、平淡無奇。有些獨特的產區像是匈牙利的Tokaji，動輒超過每公升200公克驚人殘糖量的Aszú Eszencia，如果沒有相對驚人的高酸度，那麼喝起來像是濃稠的蜂蜜以及只有不到2%的酒精度一定膩人。

　　通常白葡萄酒沒有經過乳酸發酵，所以有著比紅葡萄酒更明顯的酸度，不過白葡萄酒中的酸度除了帶來更清爽的感覺，同時也是取代單寧的抗氧化劑。酸度從頭到尾都不是笑臉迎人的討喜角色，但卻是一瓶葡萄酒的內涵，甚至是白葡萄酒的靈魂。我還清晰記得第一次喝法國布根地（Bourgogne）1996的Chambolle-Musigny時，結實強壯的酸度讓人懷疑這真的是好喝的葡萄酒嗎？經過這十多年來的「培養」，近日喝到葡萄牙北部產區Vinho Verde酒精度只有9.5％的Alvarinho，那酸到姥姥家的滋味反而是另一種驚喜了。

　　但是，如果不幸遇到葡萄酒變質而產生刺激尖銳的醋酸，那麼也請不要覺得可惜，倒了它吧！

CHATEAU
PAJZOS
*Esszencia*
1993

▌葡萄皮在浸泡的過程中，慢慢地釋出單寧與顏色。

### 單寧 〉柔軟無力／圓潤飽滿／仍有單寧感／有稜有角／緊澀堅強

　　單寧是一種植物產生的天然酚類物質，一般存在於植物的莖部最多，也許是艱澀咬口，所以用來抵抗蚜蟲的攻擊。既然蚜蟲都不敢吃了，那麼溶於葡萄酒中的單寧想必也沒有太好的滋味，單寧會阻斷口腔中唾液的黏稠性，進而產生收斂性，帶來不滑順的生澀感。

　　通常紅葡萄酒中的單寧可能來自葡萄皮、葡萄籽、葡萄梗以及培養的橡木桶，相較於其他部位，葡萄皮中的單寧顯得較為細緻溫雅。有機會吃到新鮮葡萄的時，不妨可以比較一下葡萄皮和葡萄籽兩種不同的澀味差異。

### 酒精 〉衰弱的／輕柔的／一般的／稍高的／強烈的

　　酒精已經被證實會帶來甜味感，酒精濃度4%（一公升中約有32公克酒精）時就會帶給品嘗者明顯的甜味。除了水分之外，酒精是葡萄酒成分裡比重最大的部分。如果在晚餐期間喝光一瓶750ml，酒精濃度是12%的葡萄酒來算，那麼將有90ml的酒精在體內流竄，這樣的酒精量大約等同喝下7.5杯的Whisky shot。這個階段人的意識應該已經不太清楚，所以飲酒請適量，且喝酒不開車，開車不喝酒！另外，酒精也是影響酒在口腔中體感的主因，太低會讓品飲者感覺酒體薄弱，太高則會刺激味蕾與鼻腔帶來不舒服的燒灼感。

## 鹹味與苦味

　　這是葡萄酒中微弱卻存在的兩種味道，比例十分稀少，但卻對一瓶葡萄酒的完整風味而言有著很大的影響力。如同鹽在各種料理菜餚的作用，少許的鹹味分量剛好能提升融合所有的味道，多了會讓味覺產生負擔，太少則會感到食之無味。鹹味的來源大致上是礦物質中的金屬離子（如鉀、鎂、鈉、鈣等），以及酒石酸鹽、蘋果酸鹽、磷酸鹽等。鹹味可以讓甜味更為突出，甜味的感覺增長會減少澀味和苦味。而苦味主要來自單寧，像是茶葉泡久了嚐起來除了有厚重的澀味之外，最後還有一些苦味。

## 酒體 〉衰弱的／輕柔的／結構的／強壯的／沉重的

　　其實酒體就是葡萄酒的結構，為上述各種口感（鹹味、苦味、酒精、酸度、甜度和單寧）的總合。而很明顯地，當所有的元素強度或是濃度較高時，整體表現出來的酒體也相對較強，反之則會表現出較輕柔的一面。

　　不過酒體的強弱並不能絕對代表葡萄酒的價值或好壞，畢竟青菜蘿蔔各有所好，有些人就是喜歡沉重的口感，當然也有人喜愛清柔的。並且，當有餐點搭配的時候，酒體的強弱將會是更為複雜的一個選項。

Tokaji Aszú 5 puttonyos

**濃度** 〉不足的／中等／優秀的／強烈濃郁的

　　葡萄酒的濃度基本上就是酒體感覺的最大支持者，即使濃度的判定往往只有一瞬間。濃度取決於葡萄萃取的濃縮度，就像是當我們把新鮮果汁加入不同分量的冰塊後所產生的濃度差異，我們只要把同一款葡萄酒分成相同分量的兩杯，一杯加入二分之一的純水來稀釋濃度，這樣就可以很簡單的區分出濃度上的差異。

**平衡感**

　　葡萄酒的平衡感也是相對，例如葡萄酒本身具有很高的甜味時，像是Sauternes產區或是Tokaji等甜白酒，如果同時沒有很高的酸度，那這瓶葡萄酒便會失去平衡，而最明顯的反應就是一喝就膩。又或者像澳洲、美國動輒14～15％高酒精度的紅葡萄酒，如果沒有足夠的單寧支撐，那麼高酒精的燒辣感將充滿鼻腔與口腔。

## 持續度

　　這裡指的是葡萄酒的香氣以及口感的強度，在時間的延續上都能維持在一定的強度。雖然沒有充分的證據來證明持續度與葡萄酒的品質有絕對的正比關係，但是卻不能否認，大多數優秀的葡萄酒都具有一定水準以上的持續度。

## 品質

　　在每個人的心中總自有一把尺來判定葡萄酒的品質，如果說要有稍微客觀的基準點，那就是價格了。另外，如果上述的酒體、濃度、平衡感與持續度都是水準以上的，那麼我們也其實可以大方的判定這款葡萄酒品質是優秀的。

## 一致性

　　「一致性」是經過「視覺」、「嗅覺」以及「味覺」三方面的檢視分析後能否互相吻合的結果。意味著在一致的狀態下，1991年就必須要有該產區、該品種1991年該有的色澤、應有的香氣以及正確的口感。「差一點」的狀態是其中一方面不足或超過了，像是顏色仍然太年輕或是過老。「完全不一致」的狀態是三個方面都不太協調無法互相呼應，這種情形通常代表葡萄酒有某些缺陷。

## 成熟度

　　成熟度是判定葡萄酒的年份是否已經開始適飲，或是可以預估還需要多少時間才能達到適飲期。不過必須注意的是，每個葡萄品種或是不同產區、年份、釀造者，以及不同的釀造方式所得到的葡萄酒狀況都不盡相同。有些葡萄酒適合成熟後享用，有些則成熟後不會比年輕的時候好喝。

　　基本上真正達到所謂「成熟」的葡萄酒，將能表現出香氣與口感的最大極限。這時候，其中的酸度、甜度、酒精以及單寧的拉鋸衝突，都瞬間轉變成為美麗的風景。單寧柔軟如絲，酒精包裹著酸度與甜度，每一口都令人珍惜，這樣的成熟狀態有時可以維持數年。而過了成熟時期的老酒，香氣和口感都將逐漸衰弱，甚至平淡短少，最後只由酒精和高酸味主導味道了。

▋ 只要年份好、儲存得宜，
　享受成熟的好酒不一定要花大錢。

▌年輕的酒太早飲用略嫌可惜。

　　完全未成熟葡萄酒的特徵比較明顯，相當堅硬的單寧、年輕的顏色或是根本出不來的香氣，在品飲過程中完全得不到樂趣。年輕葡萄酒的定義則介于成熟與未成熟之間，新鮮的香氣和活潑的口感主導，當下已經開始可以享受品飲的樂趣，但是我們仍然覺得內含更多的東西再經過一段時間後會發展得更好。

　　但可惜地是成熟度的判定無法透過文字來正確傳達，它並沒有標準的SOP，必須透過多次的、多人的討論學習才能體會。

## 結論

在填寫品飲表時，如果對於中文分級的咬文嚼字感到吃力，那麼其實也可以使用最簡單的阿拉伯數字來區分即可。例如：衰弱的／輕柔的／結構的／強壯的／沉重的，可以改成1、2、3、4、5來區別強弱。

專業的品飲表除了可以記錄、抒發自己對於這款葡萄酒的品飲心得之外，最重要還需配合適飲溫度以及適合搭配的菜餚。歐美的酒評結論常常會出現許多不著邊際、天馬行空的形容詞，我們當然也可以如此描述，不過有沒有意義，可能只在於個人情感的印證以及文學的修飾能力了。

SOCIÉTÉ CIVILE DU DOMAINE DE LA ROMANÉE CONTI
PROPRIÉTAIRE A VOSNE-ROMANÉE (COTE-D'OR) FRANCE

# MONTRACHET

APPELLATION MONTRACHET CONTROLÉE

*3.040 Bouteilles Récoltées*

Nᵒ 000284

ANNÉE 1977

LES ASSOCIÉS-GÉRANTS

*Mise en bouteille au domaine*

PRODUCT OF FRANCE

葡萄酒搭配菜餚總讓人有巨大的驚奇感，因為若非親自品嘗組合，結果無從得知。

## 適飲溫度與醒酒

　　台灣的室溫較高,所以當葡萄酒從酒窖取出倒入杯中,持續至飲盡為止,這個過程中溫度會上升到室溫(夏天有空調的或許25〜26度,無空調的可能高達28〜30度)。此期間可以明確感受到溫度對於葡萄酒的巨大影響,此外,過程中也會發現到底需要多少時間,葡萄酒的香氣才能完全展開,也就能決定是否需要醒酒這個步驟。

## 搭配菜餚

　　最後最重要的是搭配食物的部分,如果品嘗的時候已經搭配著食物,那麼馬上便能發現是否為絕佳的搭配或是完全格格不入。又或者,需要一點點的想像與模擬,想著菜餚的味道與葡萄酒的風味,可否擦出有趣的火花。當然,餐酒搭配並沒有想像中簡單,雖然有一些保險的原則,但是如果無法實際搭配一次,誰也不能保證會出現什麼結果,餐酒搭配的奧妙,我們會在第五章(P.206)再進行深入的討論。

# 酒展、
# 品酒會

## | 酒展 |

憑著自己在家中一杯一杯、一瓶一瓶慢慢品嘗葡萄酒固然愜意浪漫，但是全世界眾多的產酒國家、數不完的產區、品種、年份、酒莊等，要花多少日子才能品嘗完呢？答案是：在生命結束之前根本沒有品嘗完成的一天！正所謂「酒海無涯，唯喝是岸」（雖然永遠都到不了岸）。不過參加大型酒類展覽就不一樣了，買張入場券，領一只簡單的玻璃杯進入會場，接著便可以在數百家酒廠、經銷商裡盡情地品嘗各式各樣的酒類（葡萄酒、烈酒），最大也是最重要的問題只有時間和酒量罷了。同時，在酒展中有機會直接與酒廠代表，甚至釀酒師直接面對面，可以與之詢問、討論有關氣候年份、品種、土壤、釀造技術或是酒廠風格等相關問題。

目前拜亞洲發展所賜，全世界最大的葡萄酒展Vinexpo每兩年便會在離台灣很近的香港舉行，幾乎全世界主要的產酒國家都會參展，會間也同時舉辦許多具有深度的講座，是喜愛葡萄酒的酒迷不容錯過的大型展覽。

## | 品酒會 |

上一段提到的大型酒展雖然內容豐富精彩，可是相對的會有太多人群、吵雜的噪音，所以往往不能好好的品嘗美酒，又同時因有太多種類的選擇而無法客製，導致容易品飲過量，這時候小型的品酒便能彌補前述的缺點。

小型品酒會大致上會先設定主題，例如：新舊世界的黑皮諾比較，或是某酒款的新舊年份小垂直等，所以通常與會者都是對此主題有興趣的。在人數上會限制在十來位（個人比較喜歡少於十位的規模），而且無論有無搭餐一場下來最好不要超過五款葡萄酒。控制人數是因為人數越多，酒的需要量也越多，在台灣許多品飲者都較難擁有自制力，並且過量以後仍然睜眼說瞎話（明明喝醉了卻總說自己沒醉）。一旦酒精過量，除了糟蹋酒農辛苦釀製的心血之外，如果酒駕導致危害公共安全或發生意外，那麼葡萄酒又得多背一條非戰之罪了。太多款種類的葡萄酒，也容易因混合不同品種以及不同酒精成分，帶來身體不可預期或是無法控制的結果。

但不可否認的，品酒會的確是讓自己品飲技巧，或是品嘗經驗迅速進步與累積的最佳途徑之一。因為如果一場品酒會的葡萄酒預算以新台幣2萬元來算，如果有八位一起分擔，那麼一個人只要負擔2,500元。換另一個角度想，2,500元大概只能買一瓶新年份的布根地一級園吧！反觀2萬台幣大約可以選出四到五瓶不錯的葡萄酒了。甚至平常實再怎麼忍痛也下不了手的高單價酒款，也可以利用品酒會來一親芳澤。

**不過最重要的還是那句老話，任何好酒過量了就失去好酒的意義了。**

# Chapter IV

選 購 葡 萄 酒

# 聶的
## 酒標學

　　酒標就像一個人的五官容貌，是我們認識對方的第一印象，而第一印象往往會影響到往後的許多感覺，甚至決定日後的情感發展。現在如雨後春筍般出現的偶像團體，以門面來決定賣相，酒標也是如此影響著人們下一秒的購買慾望和接下來的品嘗感受。

　　我其實與各位一樣，到了賣場或是葡萄酒專賣店，面對眾多陌生的葡萄酒時，常常也不知道從何下手購買。即便有自己想喝的產區、葡萄品種或是年份，但是那探索的慾望總還是蠢蠢欲動，當陳列架上有十款、二十款未知的酒款時，便會不自覺地、不受控制的放進購物籃中，可是，究竟要怎麼選擇才能避免踩到地雷 註 呢？

**註**

花了錢卻買到自己完全不喜歡，或是價格與品質呈現反比的葡萄酒，就像是踩到埋在叢林中的地雷，有如一場悲劇，即使懷著滿腹的不甘卻只能毫無退路地被炸得粉身碎骨。

　　首先，就像與任何對象第一次見面，總會有感到順眼／不順眼的第一直覺，酒標也是一樣，你總有覺得順眼或不順眼的，先拿順眼的大致上錯不了。讓我們決定順不順眼的因素很多，像是色彩學、構圖結構、比例、字體位置、大小、字型等，就像是一件藝術品或繪畫，當你參觀畢卡索的畫展和塞尚的畫展之後，感受會完全不一樣。而達利或是梵谷，不論色彩、構圖比例、筆觸等都大相逕庭，畫作的呈現方式同時也反映出畫家本身不同的個性和思維，最後形成畫家本身獨特的個人風格。

　　我深信，酒標的設計或多或少也藏有這樣的暗示。畢竟世界上有太多葡萄酒產區，每個產區裡還有為數眾多的酒莊，甚至每個年份也不盡相同。 如果這瓶酒對於我而言是如此陌生，不明白的品種、沒聽過的產區，每年接繼上架的新年份，我想即便是閱歷豐富的品酒專家，也無法百分之百向你拍胸脯保證這瓶酒你喝了一定喜歡，這個時候，其實已經無關葡萄酒知識，「運氣的好壞」反而決定了一切。我認為在某種程度上，酒標的設計將能夠反映出莊主或釀酒師的風格，也進一步代表這瓶葡萄酒的個性。如果以理性邏輯來思考，似乎以這樣的酒標選擇法也能站得住腳了！因為，如果連外部的瓶身、酒標都如此在乎而用心設計的酒莊，會不在乎瓶子裡面的葡萄酒液嗎？我想很難！於是，靠著相信自己的美感直覺所實踐的「聶的酒標學」，似乎在冥冥之中酒神也有保佑。

GRAND VIN
DE
CHATEAU LATOUR
PREMIER GRAND CRU CLASSÉ
APPELLATION PAUILLAC CONTROLÉE
PAUILLAC-MÉDOC
1959
MIS EN BOUTEILLES AU CHÂTEAU

　　不過，以上靠美感決定命運的酒標學，不適用於成名已久的酒莊，他們的酒標已經成為品牌或品質的象徵，與視覺美學已沒有太大的關係了。例如Château Latour，酒標上的堡壘剛正、嚴肅、雄壯，堡頂的獅子不可侵犯地巍然矗立在Gigonda河左岸兩百年，字體用得大器，品牌風格也似乎貫徹至瓶內的酒液中，能夠感受其延續了三十年的磅礡氣勢。

　　密麻如細刻銅版畫，內斂近乎神秘Château Lafite，就像你很難細數酒標上到底
有多少人在樹林。毫不起眼又古老繁瑣的酒標，暗示著緊緻嚴肅的酒體，字體比起
Château Latour顯然要小得許多，低調地放在下方，甚至到快被人忽略的狀態，它最
不低調的部分大概只剩下價格。

1975

Grand Vin de Léoville
du Marquis de Las Cases

SAINT-JULIEN-MÉDOC

APPELLATION SAINT-JULIEN CONT

PROP¹⁴ SOCIÉTÉ DU CHATEAU LÉOVILLE LAS CASES À

MIS EN BOUTEILLES AU CH

PRODUCE OF FRANCE

Une sélection de
DUBOS Frères
24, Quai des Chartrons 33

Maison fondée

位在Château Latour南邊一些緊
鄰的Château Las Cases，雖然沒有像
Château Latour那樣難以親近，卻也如著
名的石砌拱門般方正木訥，沒有十年以上
的等待，最好不要輕易嘗試。即便字體用
了比較優雅柔軟的書寫體，但酒標中的獅
子圖像，多少都給人有些嚴謹的感受。

　　Château Cos D'Estournel隔著小溪、坐落在北方小山丘上，與Château Lafite遙遙
相望，混合歐洲與東方風情的城堡設計和裝飾，呼應著酒中時常散發出的東方香料氣
息。而忽大忽小的字體，顯然暗示著來自外國的異鄉人情緒。

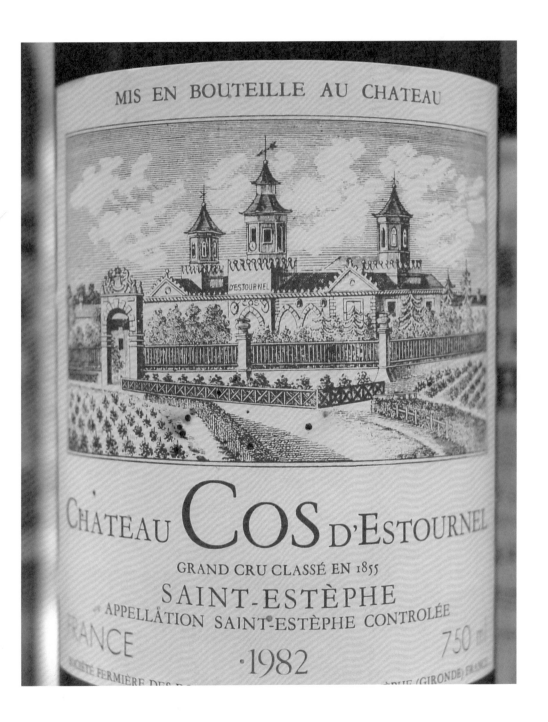

　　Château Margaux入口整齊的白樺
木和方正的城堡，像是深居簡出的豪門
貴婦，雖然在70年代有段時間適逢低潮
（或許是貴婦遭遇了感情問題），但酒液
中仍散發奢華的貴氣，同時也反映在價格
上（字群排成較為親切的橢圓形，但是在
顏色上是深金色，依然貴氣逼人）。

　　至於Château Mouton，除了酒莊本身花費了118年晉級的傳奇故事讓人津津樂道之外，還有從1945年開始，每年皆聘請一位藝術家幫酒莊設計酒標，由於每年酒標設計不同，所以酒的風格很難從酒標中探尋。不過如果以幾乎占滿整個瓶身的酒標大小來看，代表有著強烈的野心，也似乎有著比較豐富肥美的熱情。

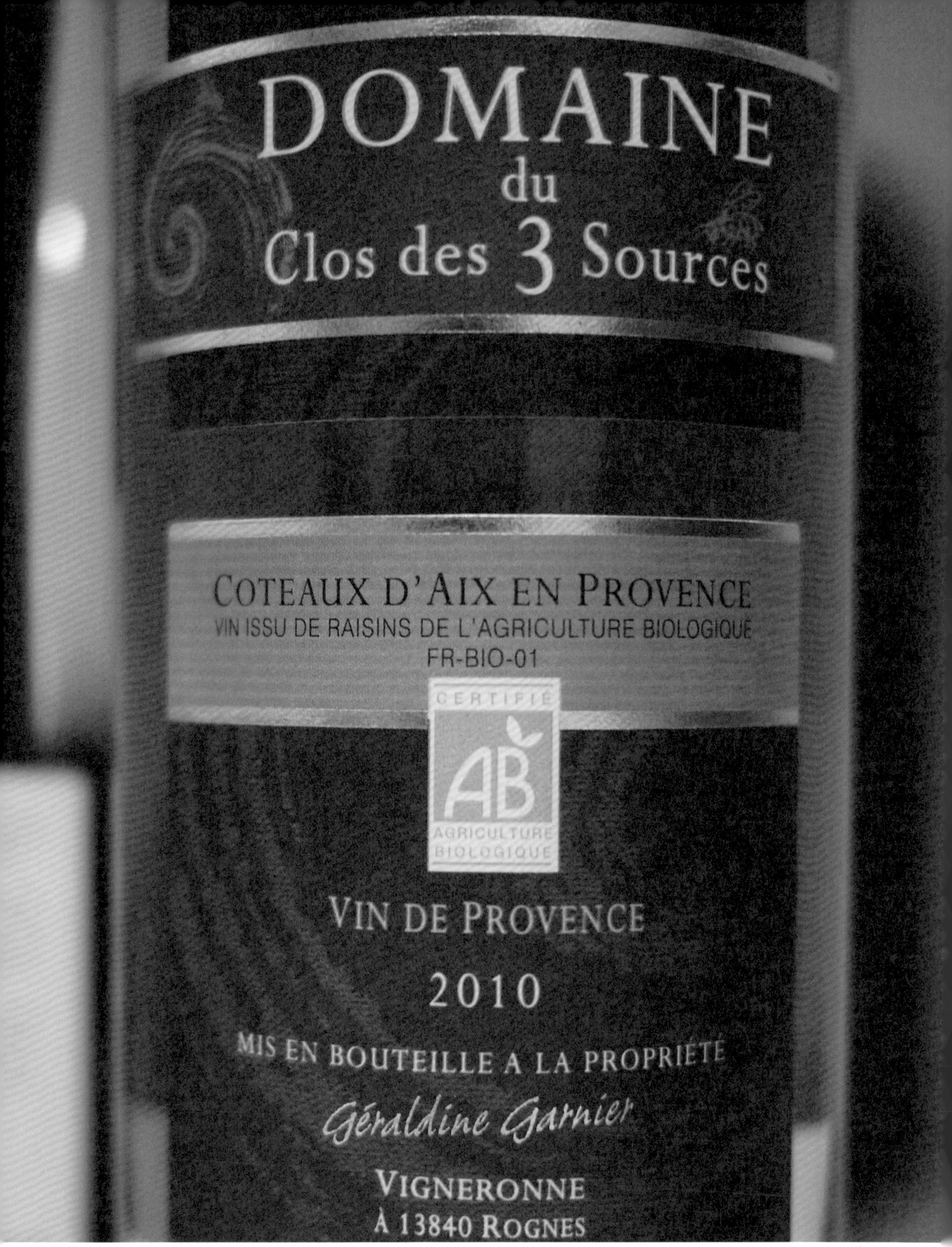


通過AB（Agriculture Biologique／有機農法）認證的葡萄酒。

# 日常
## 葡萄酒選購

### ｜針對場合：
### 宴會、私人派對等｜

　　宴會或私人派對通常人數較多，而且主題大多也和葡萄酒無關，除了要注意葡萄酒的數量（一瓶750ml通常可以分8杯），還得考慮在場不是每個人都會品酒，所以此時當然不建議帶太昂貴或是太艱澀難懂的葡萄酒。例如若是帶了酸度很高的葡萄牙Alvarinho，或是年輕的法國Bandol，那麼恐怕將剩下不少酒。基本上人數眾多的歡樂派對，受邀者若又以女性居多，準備些略帶甜味的義大利微氣泡酒Asti，通常多能獲得好評！

　　另外，如果你是聚會的主辦人，也必須要考慮到現場的環境，例如：季節、空調溫度（加上受邀的人數以後）、使用的酒杯、準備杯子的數量和餐點搭配等。如果是辦在夏天的午餐，可能要多準備一些冰涼的氣泡酒、白酒或是粉紅酒，口感也盡量挑選清淡爽口的種類。而如果餐點主題是酸辣的泰國菜，那麼建議避免準備太多濃厚的紅葡萄酒，否則剩下的一定比喝下肚的還多。

## ｜購買地點：專賣店、賣場｜

　　一般酒類專賣店大多數都已經設置恆溫系統，所以在品項的選擇上不會有太多疑慮。若要再講究些，可以私底下進一步了解，酒品在經入關報稅一直到運送至店舖這段過程中的細節。當然，其實葡萄酒沒有我們想像中脆弱。在葡萄酒專賣店販售的大多為酒廠原裝出口的葡萄酒，這些代理進口品牌來自某些酒廠或是酒莊，也意味著來源與品質的保證。當然，有公司貨就一定會有所謂的「水貨」，兩者在消費者的眼中也許只有價格上的差距，但其實背後還有許多複雜的愛恨糾葛。我想，在每個人心中都擁有自己的天秤，最終必能在價格與品質保證間找到平衡取捨。

　　大賣場的葡萄酒比較讓人擔心的是日光燈照射問題。日光燈帶有微量的紫外線，長時間的照射下會影響葡萄酒的品質，不過如果是一些價格較低的日常餐酒，倒也不需要那麼計較，因為在你發現品質開始有問題之前，應該都已經喝光了。老實說，若是摒除上述缺點，其實許多大賣場中台幣250～600元的葡萄酒，是我日常飲用酒的首選。第一個原因是價格合理，目前半數的大賣場品牌皆來自產酒國家，賣場進貨的數量多，所以在價格上擁有較好的優勢；第二是選擇性多，賣得好的品項會持續銷售，同時也會有一些少見的品項出現。

　　所謂的「日常飲用酒」，意思就是即使每天飲用，或是用在某些需要大量酒精的場合時都不會感到心疼不捨的酒，但是品質也不能太差，最好能夠有物超所值的表現。這樣即便是在混亂喧鬧的聚會場合，都還可能會獲得「哦！這款葡萄酒挺不錯呢！」的評語。

　　葡萄酒價格高低真的絕對代表品質嗎？答案並不是絕對的。但是價格卻具有一定程度的參考指標，畢竟「一分錢一分貨」的道理自古不變。我相信即使是剛剛開始品飲葡萄酒的人，也可以輕易地分辨出台幣300元和3,000元葡萄酒在味道上的不同，雖

然説不定300元的反而討喜，但絕對能感受到葡萄酒內涵上的差異。但是從3,000元一瓶到3萬元一瓶的價格差異，我想應該沒有人能保證在品質上也是差距十倍！

因為這背後牽涉的層面相當大，葡萄酒從種植開始就開始計價，使用廉價的化學肥料、高人工成本的有機種植或是自然動力（Biodynamic/ Biodynamique）；一公頃最高產量五千公升或是刻意壓低產量不到兩千公升；機械採收還是昂貴的人工採收；不鏽鋼發酵槽培養抑或人工訂做的天然橡木桶；年份、評分、數量稀少、故事性、市場炒作等。有太多因素會影響葡萄酒的價格，最後即使是價格超過3萬元一瓶或是高達數十萬一瓶的葡萄酒，只要繼續有人買進成交，那麼價格便不會有回跌的一天！這時候，以「合不合理」來評論價格已經是多此一舉，對於廣大的「布衣酒迷」（指一般喜歡喝酒卻沒有萬貫家財的酒迷）而言，就只能望酒興嘆了！

### Domaine de la Romanée-Conti（簡稱DRC）

它的價格一直是讓大家興嘆的重點！以平均價格一瓶台幣30萬元來算，單一毫升就要台幣400元，一口10毫升要價4,000元，一口的價格已經可以買上一瓶還不錯的一級酒莊產品了。而且，喝完保證不會打通任督二脈、不會頓悟得道，更不會增進夫妻情感或家庭幸福，只是再次印證人類文明的奇蹟和資本主義的輪迴，還有最後非戰之罪的價格罷了！

如果擔心自己剛剛踏入葡萄酒的世界，對於葡萄酒了解不多，不敢走入葡萄酒專賣店，那麼不妨參考後面我推薦的酒窖。這幾間葡萄酒專賣店至少價格透明，另外有特別折扣或促銷時，價格更顯得親民。在描述自己喜歡品飲的風味、葡萄酒特性的時候，可以大方地敍述自己的喜好，例如像是香氣濃郁的或是清淡雅緻的、口感要酸一點的還是緊澀一些的。如果能用自己喝過的其中一款酒款來做比較，就能讓店員更精確地了解我們的喜好！

# 葡萄酒
## 的保存

### ｜理想的葡萄酒保存條件｜

　　所謂的「理想」，是觀察數百年來古老葡萄酒產區所歸納出來的結果。其實不需要太多的比較，也能夠輕鬆地發現與分辨，葡萄酒處在理想與不良儲存環境之間的差異。良好的儲存環境才能讓葡萄酒穩定緩慢地熟成，反之，則會有太多因素會導致葡萄酒步上無法預知的結果。

　　台灣地處濕熱的亞熱帶，年均溫高達27、28度，完全不適合儲存陳放葡萄酒，加上台灣建築文化裡沒有地下酒窖的概念（即使有，颱風或梅雨季節也可能會淹水），所以必須使用人工設備來解決儲存葡萄酒的問題。

　　現在市面上最普遍，可以提供給一般家庭使用的就是電子恆溫酒櫃，其實說穿了就是類似冰箱的設備，只是差別在溫度和濕度的控制部分。一般冰箱的冷藏溫度約在攝氏3～4度之間，濕度則在50％以內，而電子酒櫃則必須仿造天然酒窖的環境，溫度控制在攝氏12～16度間，相對濕度則在70％～80％間。目前市面上電子酒櫃的品牌很多，選購時應該要注意的是售後維修服務。另外有些進口品牌使用的冷卻系統，屬於熱電制冷晶片技術，所謂的熱電制冷晶片技術，就是運用熱電半導體制冷晶片（Thermoelectric Cooling）技術來作為降低溫度的設計，而熱電半導體致冷原理是用電流流過不同金屬，例如銻（Antimony）、碲（Tellurium）、鉍（Bismuth）、硒（Selenium）等造成冷熱溫差，優點是沒有壓縮機的震動、無噪音、環保，唯一比較大的問題就是價格較高。不過電子式控溫酒櫃因為有各種尺寸可供選擇，價格的範圍也比較大，可以滿足不同需求，相較之下還算是經濟又划算。

　　如果家中坪數非常大，有十來坪閒置不用，又有喝葡萄酒的習慣。那麼不妨考慮投資建造一間走入式的控溫酒窖，不但沒有壓縮機震動的問題，也可以依照自己的喜好設計置酒空間和選擇材質，而且儲藏數量遠遠地超越冰箱大小的電子酒櫃。

　　萬一家裡的空間侷促，或是偶有斷電缺水的疑慮，那麼可以考慮在某些葡萄酒專賣店裡承租一櫃酒窖。酒窖有不同尺寸的區分，租金依據空間大小來計算，大致而言是划算的（畢竟占用空間外加控溫電費），唯一的缺點是你無法在任何突然想喝葡萄酒的時間點就輕易取得，這種時候大概只有24小時營業的便利商店才能救急了。

1. 某些酒類專賣店提供控溫酒窖租賃服務。
2. 電子式控溫酒櫃目前是最超值的選擇之一。

## 電子控溫酒窖廠牌（按照字母順序）

Barrique｜馬來西亞製

Caso｜中國製

Dometic｜瑞典（晶片式）製，某些款式已改
　　　　　成壓縮機

Eurocave｜法國製

Haier｜中國製

Liebherr｜德國製

Tatung｜台灣製

Vestforst｜丹麥製

Vinvautz｜法國品牌（晶片式）中國製造

## 溫度

　　天然的地下酒窖因為深入地面五公尺到數十公尺不等，厚實的土壤和岩石隔絕了日照及地面的溫度變化，所以能終年維持在一定的溫度，約在攝氏10～15度之間，即使有四季之分或是日夜溫差大，天然酒窖溫差變化的速度不但緩慢，溫度的落差也不大，例如在炎熱的夏天，溫度可能需要花個十來天才會龜速的上升個2度。由於溫度絕度是影響葡萄酒熟成的最大因素，所以保存溫度一旦上升，熟成的速度就會加快。

　　另外葡萄酒也相當忌諱短時間內的溫度落差，因為軟木塞容易因熱脹冷縮導致葡萄酒滲出或是空氣大量進入。

## 溼度

　　相對溼度在70～80％是適合葡萄酒儲存的濕度範圍，不過與溫度的條件一樣，能不能將保存環境的濕度穩定在一個小範圍內才是關鍵。雖然台灣屬於潮溼的亞熱帶氣候，可是一年四季的溼度其實也有落差，而這種落差往往會直接影響到軟木塞，太乾會讓軟木塞失去彈性，造成滲酒或是滲入空氣；過濕則容易生長黴菌或造成腐爛，嚴重時將影響葡萄酒的風味與品質表現。

## 震動

　　震動的原理和開汽水相同，搖晃過的汽水馬上打開時，一定會快速產生大量的泡沫，所以長時間細微的震動也會影響瓶中葡萄酒熟成的時間。因此有些電子恆溫酒櫃捨棄了傳統的壓縮機馬達，而改用沒有馬達震動的「熱電制冷晶片技術」來控制溫度。不過也有實驗證明，壓縮機造成的這些微小震動，其實並不會對葡萄酒的保存造成太大影響。反而台灣因地處環太平洋地震帶，地震發生得頻繁，雖然不至於影響長期保存的結果，卻也不得不考慮當劇烈地震來臨時，擺放於高處的葡萄酒會不會因為晃動而掉落？

## 聲音

　　聲音其實就是物體在空氣中震動的頻率，或許聽來有些怪力亂神，但是相信各位晚上如果處在有噪音的環境中，也無法好好入睡吧！只要沒在酒窖裡舉辦重金屬搖滾樂演唱會，或是擺上一組千萬級鸚鵡螺號角聽黑膠，那麼躺在酒窖的葡萄酒應該都是安穩熟睡的。

## 光線

　　酒瓶的材質大多是玻璃，通常會染上綠、咖啡、藍等顏色，但是色染得再深，仍然會透光。而陽光或是紫外線也會影響葡萄酒熟成的速度，尤其是對於葡萄酒的顏色（紅葡萄酒加速變淺，白葡萄酒則變深）。如果選擇電子式恆溫酒櫃，也請盡量選擇抗紫外線的玻璃門，或是不透光的實心材質。

## 氣味

　　葡萄酒與外界中間相隔的是軟木塞，天然軟木塞有自然的毛細孔，會緩慢而細微地吸收外界的空氣。除非你想讓你的葡萄酒最後都帶著食物的味道，如乳酪、火腿或雪茄等，不然無論是地下酒窖、走入式酒窖或是電子式恆溫酒櫃，都得避免放入氣味過強、過重的物品或食物。

## | 葡萄酒的陳列方式 |

　　傳統的方式為水平橫躺，這種方式可以不斷地往上堆疊，是最省空間的方式。同時很多人認為水平擺放也能讓軟木塞接觸葡萄酒，使其保持濕潤而有彈性，以隔絕太多的空氣進入瓶中。但即便是垂直擺放，如果是陳放在地下酒窖中，終年溼度能維持在合適的範圍，那麼其實軟木塞也能維持濕潤有彈性。另外，如果陳放的是蒸餾葡萄烈酒，那麼建議要垂直擺放而不宜水平擺放，因為濃度高的酒精，長時間下來會侵蝕天然軟木塞。

## | 已開瓶葡萄酒的保存 |

*Quand le vin est tiré, il faut le boire.*

酒打開了就要喝。

－－法國諺語

　　老實說開瓶過的葡萄酒大多數沒有想像中脆弱。我常常一個人要花上一週的時間，才能把一瓶750ml的葡萄酒喝完，這個過程中，順便還能觀察此款葡萄酒的生命變化。當然，如果這瓶葡萄酒的狀態在第三天時已經衰敗，那麼別捨不得了，拿去煮紅酒燉牛肉或是直接倒掉吧！生命苦短，不要把時間浪費在沒有味道的葡萄酒上。

　　已經開瓶的葡萄酒若喝不完，只需要將軟木塞塞回，在較冷的冬天，垂直擺放在陰涼處，不要受到日光直射即可；而在氣溫較高的夏天，則需要放在冰箱中冷藏保存，要飲用前拿出來回溫就可以了。

人生苦短，不要浪費在壞酒上。 ——哥德（德國文學家）

# 規劃
## 自己的酒窖

　　以目前市售最普遍約150瓶裝的電子酒窖機來規劃：

**每週喝掉3瓶葡萄酒×一年（52週）=156瓶**

　　對一個平常就有習慣品嘗葡萄酒的飲用者而言，這是一個非常合理且貼心的規劃。以每週三瓶的飲用速度，可以至少規劃三分之一是不太傷荷包、酒齡在三年內，可以隨時盡情飲用而不至於感到心疼的葡萄酒，當然，其中有幾瓶價格稍高的適飲成熟酒也不為過（例如西班牙的Rioja Gran Reserva就很適合）。另外三分之一則要選擇三年～八年之間才開始適飲的葡萄酒，價格只要是自己能負擔得起的就可以，但是同時也要準備幾瓶價格稍高的葡萄酒，因應某些值得特別慶祝的場合！最後的三分之一，得仔細選擇八～十五年後才開始進入適飲期的葡萄酒，例如波爾多的列級酒莊或是布根地的頂級園與一級園等。

*Le plus court chemin pour aller au paradis, c'est l'escalier de la cave.*

往酒窖的階梯是通往天堂最短的路徑。

　　　　　　　　　　——法國諺語

由於地屬亞熱帶氣候，再加上台灣的飲食風格（海鮮、香料），適合飲用白葡萄酒的機會比紅葡萄酒要多，因此在紅、白葡萄酒的比例上，會建議各占一半。但大多數的傳統觀念會認為，紅葡萄酒較有價值也適合陳年，讀者可以依據喜好自行調整。

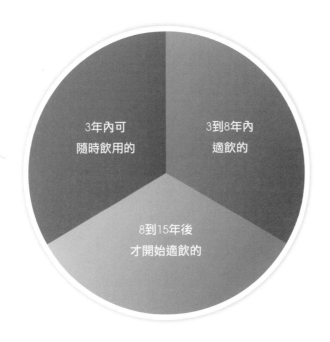

3年內可
隨時飲用的

3到8年內
適飲的

8到15年後
才開始適飲的

**規劃自己的酒窖**

## | 侍酒師的品味與酒窖 |

因為工作的關係，侍酒師比一般人更容易品嘗到各式各樣的葡萄酒，加上台灣餐飲業薪水少得可憐，所以平常也不會輕易購入大量或價格高昂的葡萄酒。目前我自己的酒窖中，隨時可以飲用的品項大概占了一半以上，不過這些裡面有超過七成是花了一段時間才慢慢累積下來的，也就是說，馬上就可以喝的品項中，大多是數年前買回來存放等待成熟的。這就像是幾年前種下的小果樹，經了一段時間終於成長茁壯，耐心等待終將可以享受其甜美的果實。

有些酒廠會將葡萄酒陳放在酒廠中數年或數十年，因為某些年輕的紅酒單寧太過結實堅硬，陳年的時間不夠就開了瓶，很難從中獲得品飲的樂趣，因此會一直放到酒廠認為達到可以喝的狀態才開始販售。一般而言，這樣適飲的老年份葡萄酒價格也相對較高，所以通常我只要一喝到價格划算但風格是自己喜歡的葡萄酒時，就算酒齡還很年輕，只要手頭有點閒錢就會毫不考慮地多買幾瓶起來存放，這是因為每個酒商的庫存空間有限，新年份的葡萄酒賣完就會換下一個年份銷售，所以要買到即刻適飲年份的機會並不常見（除了西班牙Rioja）。以我目前擁有進入適飲期的品項而言，購入時價格落在親民的台幣290元～800元之間，最終，價格不代表一切，挑選適合自己的口味才是重點。

另外一個讓自己能克制不要購入太多葡萄酒的方法，是以親自去一趟葡萄酒產區為目標！絕大多數的葡萄酒產區裡，無論是餐廳或是Wine Shop甚至是酒莊，都有絕對優勢的合理價格，畢竟這之間沒有關稅、運費、倉儲等成本，再加上可以親身體驗該產區的人文、土地，如果有可以親自遊歷各國葡萄酒產區的機會，千萬不要錯過！

▍新年份的葡萄酒可以先買起來存放，價格上也少些負擔。

## 聶的私房酒窖
### 心世紀葡萄酒

心世紀葡萄酒店主溫唯恩稱得上是較早期赴法國進修，取得Suze-la-Rousse葡萄酒大學專業侍酒師（Sommelier Conseil）文憑的先鋒。經營了超過五年的心世紀，鍾情於複雜卻充滿魅力葡萄酒的溫唯恩，本身就是法國布根地、隆河產區葡萄酒的擁護者，因此店內擁有超過兩千種多品項，多為此兩產區的葡萄酒，而在酒迷心中的夢幻之酒2002布根地Montrachet，也是心世紀最自豪的收藏。

這裡擁有24小時溫控的葡萄酒展示空間，提供葡萄酒最佳的陳年環境，更有「特級房」收藏來自世界各地珍貴的葡萄酒品項。除此之外，還有可料理的吧台、長桌，不定期邀請國外酒莊主人舉辦猜酒會、葡萄酒講座，更備有可存放7箱及14箱的酒窖出租。

官方網站：http://ncw.tw/
電　　話：（02）2521-3121
地　　址：台北市松江路156巷7號

## 大同亞瑟頓

擁有悠久歷史的大同亞瑟頓，由董事長林淑明與夫婿George Derbalian創立，兩人至今仍是公司營運的關鍵人物，每年親自前往法國布根地試酒，以決定進口品項與數量。另外也借重從事葡萄酒品鑑與銷售工作達三十年，受到法國酒界敬重的美國亞瑟頓負責人 Dr. George Derbalian,Ph.D 精心挑選及引進美國加州、法國波爾多及布根地葡萄酒。經恆溫運送來台與門市、倉庫24小時維持18℃存放，確保最佳品質與新鮮度。擁有超過3,000種酒款，無論是千元有找的每日餐酒，或是收藏家窮畢生之力所追求的稀世珍釀、波爾多五大酒莊等，在此都能找到。

全台門市皆設立葡萄酒教室，帶入國際第一手的葡萄酒訊息與專業知識，並舉辦酒莊、頂級酒款之品酒會。每個門市備有恆溫酒窖出租，並有專門的布根地、波爾多品酒和試酒杯。值得一提的還有天母門市特別打造成法國田園風格，讓採購與品飲過程如同身處產地。

官方網站：http://www.wine.com.tw/

### 天母門市
電　　話：（02）2871-1211
地　　址：台北市天母北路45號

### 復北門市
電　　話：（02）2546-2181~2
地　　址：台北市南京東路三段225號

### 台南門市
電　　話：（06）275-4321
地　　址:台南市東區大學路22巷12號2樓

### 高雄門市
電　　話：（07）235-0913
地　　址：高雄市忠孝一路 499 號

## 聶的更多葡萄酒選購熱點

### 長榮桂冠酒坊

　　成立於1997年的長榮酒坊，主要提供法國波爾多、布根地、隆河、香檳、干邑等產區葡萄酒外，另有西班牙、葡萄牙、義大利、德國、美國、阿根廷、利智及澳洲、紐西蘭等國家繁多品項可供選擇，同時也為長榮航空提供機上用酒諮詢，並擁有專業的品酒師與葡萄酒團隊，不定期舉辦品酒會、餐酒會。從平價到高級酒款滿足不同需求，台北微風車站門市與微風復興門市更設有「鮮飲機」，每月提供不同年份、酒莊之酒款，甚至推出鮮飲儲值卡，任何時候皆可無負擔的品嘗單杯美酒。

官方網站：http://www.evergreet.com.tw/

**一江門市**

電　　話：（02）2567-2288

地　　址：台北市中山區一江街2-1號

**安和門市**

電　　話：（02）2754-7970

地　　址：台北市大安區安和路二段12號

**微風廣場門市**

電　　話：（02）8772-6712

地　　址：台北市松山區復興南路一段39號
　　　　　（微風廣場B2）

**微風車站門市**

電　　話：（02）2389-0185

地　　址：台北市中正區北平西路3號2樓
　　　　　（台北車站微風食尚中心2樓）

**高雄台糖楠梓門市**

電　　話：（07）355-5111

地　　址：高雄市楠梓區土庫一路60號B1

## 維納瑞酒窖

2009年創立的維納瑞酒窖，擁有設計感的品飲空間，在此找得到許多具有特色的酒款，是總經理莊志民親自到各國試喝後引進。為了怕顧客對這些不熟悉的酒款有所疑慮，特別自義大利引進ENOMATIC單杯試飲機，儲值卡的服務讓品飲變得更為便利，經過試飲後更能找出自己喜歡的酒款。地下室的酒窖，每個租用空間可存放120至150瓶酒，溫度濕度皆有穩定的控制，為葡萄酒提供了良好的儲存環境。

官方部落格：http://vinaria.pixnet.net/blog
電　　話：（02）2784-7699
地　　址：台北市信義路四段265巷12弄3號

## 達迷酒坊

達迷酒坊是紅酒男人劉鉅堂與友人於2012年剛剛開設的葡萄酒專賣店。達迷（Dummy）指的是一般人，正因葡萄酒人人可喝、人人愛喝，因此囊括了法國、義大利、英國與美國的葡萄酒，並於店內規劃了融合設計感與木質溫潤的開放式廚房及長桌，與葡萄酒同好們分享美食與葡萄酒共鳴之美。

官方網站：http://www.wine4dummy.com.tw/
　　　　　index.aspx
電　　話：（02）2500-0969
地　　址：台北市中山區松江路25巷5號

**方瑞酒藏**

　　提供以法國布分地、波爾多、隆河、香檳品項為主，另有義大利酒款可供選擇，屬於較小型的葡萄酒專賣店。

■　官方部落格：http://farw.pixnet.net/blog

　　電　　　話：（02）2709-8166

　　地　　　址：台北市仁愛路四段112巷27號

## 詩人酒窖

　　坐落台中中港路上老字號的詩人酒窖，也許因「詩人」之名而有別於其他常態酒商，再挾著2010年台灣侍酒師大賽季軍的頭銜，詩人酒窖不依附主流酒款，有著詩人的血液，約有一半的葡萄酒品項雖非熱門產區卻物超所值。提供知性且生活的葡萄酒知識、產區介紹、餐酒搭配等課程，另外也有單杯品飲服務。

官方部落格：http://www.cellierdespoetes.com/
電　　話：（04）2327-2924
地　　址：台中市中港路一段207號

晚餐與葡萄酒

# Chapter V

琴瑟合鳴的餐╳酒搭配

*Repas sans vin, repas insipide.*

餐無酒，無味！
－－法國諺語

「餐╳酒搭配」就像是一齣又一齣的感情肥皂劇，餐點會因為葡萄酒而產生另外一種形而上（抽象）的發酵，葡萄酒也因為食物而顯得更加有趣！也因為像是即興的短劇，說穿了其實沒有太多規則或定律。即便是以顏色來區分的酒食搭配古典觀念（紅肉搭紅酒、白肉配白酒），也可能因為料理烹調手法、醬汁的改變而有所不同。簡單說來，有如同一個劇本由不同的演員或不同導演來詮釋，一定也會出現不同的結果與風貌。

若大家能夠體會到醬汁是菜餚中重要的一環，適合的醬汁能替料理帶來更多風味、突顯食材本身特色，那麼其實也可以把葡萄酒想像成另外一款佐餐醬汁，這麼一來，餐酒搭配的概念會更淺顯易懂，不再像是在伸手不見五指的迷霧中探索了。最後，老實說，無論是在心中演練數次或是在口舌上爭論不休，最保險的方式還是親自品嘗體驗一次，因為任何微小的變數都能影響結果。

至今仍無法忘懷2005年於巴黎Lucas Carton 註 所點的大黃根血橙脆皮塔（Transparence de rhubarbe, marmalade d'oranges sanguines, fin croquant aux épices），搭配侍酒師建議的J.J. Prüm 1999 Riesling Auslese，漫著柑橘皮類香氣與甜點裡的血橙相呼應，大黃根的酸度與酒的甜度、酸度緊密地交織在一起，無論在香氣、口味上都展現高度的和諧與深度。這樣的震撼像是犁田般地鑿切在心中，讓人久久不能自己，即便經過這些年的風月，那一份悸動的能量仍在，難以抹滅！這說明了適宜的酒餐合鳴，可以為人生帶來多少令人深深著迷的綺麗體驗。

註

這是由Alain Senderens開的米其林三星餐廳，同年夏天宣布拒絕再為米其林指南做菜，餐廳更名為Alain Senderens，但是隔年米其林還是給他兩顆星。

▌Alain Senderens的大黃根血橙脆皮塔。

# 餐酒
## 搭配概念

### | 地區菜餚╳地區酒
###       產地搭配法 |

　　不知道該說是怪力亂神還是自然定律使然，在「地區菜餚╳地區酒」的原則下，餐酒搭配的適合度，雖然非全然地萬無一失，卻也幾乎十拿九穩。所以我們常常可以聽到：法國阿爾薩斯的名菜「酸菜豬腳香腸鍋（choucroute）」，就要配上一杯清涼爽口的法國的麗絲玲（Riesling）；布根地的「紅酒燉牛肉（bœuf bourguignon）」免不了搭上一瓶布根地的黑皮諾（Pinot noir）；西班牙南部安達魯西亞（Andalucia）沿海的豐富海鮮，仍舊與老風味的雪莉酒（Sherry）相見歡；日本的生魚片握壽司伴著用米釀造的純米大吟釀，滋味再契合不過了；義大利托斯卡尼的「白牛（Toscana chianina）」和著一口Chianti Classico紅酒，好不絕美銷魂；在享受澳洲炙烤袋鼠肉的同時，最好可以來一杯有著原始狂野草原與黑胡椒風味的澳洲希哈（Syrah）；以大量玉米餵養、肥嫩甜美的美國牛肉，搭配來自加州同樣甜美陽光的美式卡本內蘇維濃（Cabernet Sauvignon），宛如天作之合！

　　但是，要注意這樣的搭配法只是一個粗略的大原則，餐點與葡萄酒之間還是有許多細節必須考量。例如：每個地區的同樣菜色可能有不同的作法與呈現方式、同一產區的葡萄酒在不同酒莊的主導下，也會有不同風格的表現。

雪莉酒除了海鮮之外，當然還可以與當地的伊比利火腿相伴。

雖然豬腳算是白肉，但是加入醬油熬煮後，還是紅酒比較適合些！

## | 白╳白、紅╳紅
## 顏色搭配法 |

　　以顏色搭配的方法雖然現在聽起來有些過時，但是對於一般不了解葡萄品種、產區等專業知識的消費者來説，算是挺實用的方式：白肉配白酒、紅肉配紅酒（以煮熟後的顏色為準）。以紅酒搭配紅肉，主要是因為紅葡萄酒中的單寧可以軟化動物性蛋白質，但相反地若單寧搭上魚類、海鮮，則容易出現明顯的鐵鏽味。這口訣實在簡單好記，不過也因為太過簡單，若是對應上較複雜的菜色、不同風格的醬汁或烹調手法時，則容易凸搥。例如小牛肉或兔肉，是單純的炙烤、還是燉煮後搭配醬汁、或是加入醬汁中熬煮，那麼搭配的葡萄酒款可能會完全不同。而且，當你以為解決了動物性蛋白質，就等於解決一切的時候，清炒的、水煮的或奶油焗烤綠色豌豆，還是馬鈴薯等配菜，只要一入口，你又會發現自己上了這句口訣的當。

## | 和弦搭配法 |

　　以口語解釋所謂的「和弦」，就是在葡萄酒中發現食物的風味，或是在食物菜餚裡尋獲葡萄酒的香氣，利用葡萄酒和食物之間相似的特徵風味，產生出美味的共鳴。像是聽到秋天的野味（野兔、野豬、鹿、羌、雉、雁、野鴨等）時，總是讓人聯想到法國布根地（Bourgogne）或是法國隆河谷地（Valleé du Rhône）成熟的紅葡萄酒，因為這些步入成熟的紅酒經常散發著皮革、野性的氣息。法國東南普羅旺斯（Provence）或科西嘉島（Corse）的粉紅酒（Rosé）經常散發出百里香、迷迭香等環地中海地區的香料氣息，所以可以搭配同樣大量運用這類香料的環地中海菜色，像是普羅旺斯烤雞、羊排或是馬賽魚湯等料理。不過在這裡必須要注意的是，所選擇的葡萄酒酒體不應該比菜餚厚重，否則葡萄酒就會變成主調，料理反而成為和弦了。

## | 互補搭配法 |

　　有時候，如果葡萄酒中有菜餚裡缺少且不互相排斥的味道，那麼多半也有加分的效果。多數清爽、高酸度的白葡萄酒，適合搭配新鮮的海產料理，因為酸度可以自然地引出海產的鮮甜，如同我們習慣在烤海鮮料理淋上些檸檬汁一樣。嫩煎鴨肝或鵝肝經常搭配甜酸豐腴的貴腐甜白酒，其多酸、高甜滋味可以與肥肝豐厚的脂肪一較高下，這裡的酸甜不但可以解膩，還能襯出肥肝的細緻口感。

甜點通常會搭配甜白酒，是酸度的互補，也是甜度的和弦。

# 葡萄酒
## 也算是一種醬汁？

如果能把佐餐葡萄酒視為一種搭配
的醬汁，那麼很多原則或是之間的關係
就會看來清晰、簡單許多。其實當一道
菜餚要選擇醬汁時，往往必須考慮許多
因素，而巧合的是，這些因素多半與上
面幾項搭配法則不謀而合。例如：肉類
菜餚的醬汁通常也都會加入肉類高湯當
作基底，海鮮類亦同（和弦）；鴨肝料
理的醬汁多半是酸甜相混的莓果、水果
醬汁（互補）。唯一有差異的是在顏色
方面，一般醬汁的搭配，採取對比顏色
的比例會比同色系來得高。

# 餐✕酒的 順序

無論是以餐為主題是以酒為主角,餐與酒的順序都是清淡的優先,再慢慢加重。

**以餐點為主的順序:**

生的在前,熟的在後;

簡單的在前,精緻的在後;

清淡的在前,濃郁的在後。

以乳酪而言會是年輕的在前,陳年的在後;

較不鹹的在前,鹹味重的在後;

軟質的在前,硬質的在後。

甜點則是越甜或越苦的放在最後。

所以要為整套餐點的每道菜餚搭配不同葡萄酒時,只要能依照每道菜餚依序,來搭配大致上不會有錯!

**以葡萄酒為主題時的順序:**

大原則是氣泡酒優先,接著是白酒、粉紅酒和紅酒,最後才是蒸餾酒或是加烈酒。

年輕的在前,陳年的在後;

不甜的在前,甜的在後;

清淡的在前,濃重的在後。

▌在尚未入口品嘗之前，誰也不能保證結果。

　　不過上述都是最安全的大原則，其實用餐或是挑酒的情形非常多，不用太拘泥於傳統或是安全原則，畢竟人是活的，酒與餐也是活的，只有原則是死的，有時候一切都照著規矩來，未免無趣！像是在台灣舉辦的餐酒會，往往有分量過多的趨勢，所以如果該餐的主角是一支成熟適飲的陳年葡萄酒，那麼我通常會建議賓客在肉類的第一道主菜就品嘗，而不會放在最後一道才品嘗。因為在這之前通常已經有一款氣泡酒迎賓，兩款白酒佐開胃菜及魚肉主菜了，甚至還會加入一款清淡的紅葡萄酒暖胃。通常在這個時候，如果前面每一款酒都啜飲下肚，那麼你已經喝下快300ml且酒精度不一的四款葡萄酒，其中還有容易發暈的氣泡酒或香檳，所以如果不趁著意識仍然清晰的時候來品飲主角，那麼就太可惜了。

　　但是，若主角是一款口感濃郁的年輕紅葡萄酒，那麼可能還是得考慮要放在最後才品嘗，否則任何口感稍微清淡的葡萄酒，在它之後都將顯得乏善無味！

　　另外，如果是同款葡萄酒卻有不同年份的「垂直品飲」（同款酒但不同年份一起品飲），那麼不妨同時品嘗吧！這樣最能從中發覺不同年份間的差異與特殊性，有如經歷一場時間軸的歷史探索。

# Menu

迎賓酒

*Krug 1982 en magnum*

鰈魚菲力搭蘑菇佐香檳醬汁

/ Filet de Barbue Beatrice / Fillet of brill with mushroom and champagne sauce

*Chassagne-Montrachet, Marquis de Laguiche, Joseph Drouhin 2000*

蘇格蘭羊排佐松露搭朝鮮薊內餡蠶豆泥

/ Noisettes d'Agneau Brehan / Scottish lamb with truffles and shallots, artichoke filled with broad bean puree

白花椰菜伴荷蘭醬、龍蒿紅蘿蔔、烤馬鈴薯薄片、當季沙拉

Chou-fleur Hollandaise, Carottes a l'Estragon, Pommes Maxim, Salade / cauliflower hollandaise, and carrots with tarragon, Thinly sliced potatoes

*Château Margaux 1961*

大黃根派佐香草冰淇淋

rhubarb cake with vanilla cream

*Dow's port 1977*

## | 餐酒搭配案例 |

　　2008年，英國女皇伊麗莎白二世於溫莎古堡設宴款待當時的法國總統Nicolas Sarkozy和總統夫人Carla Bruni-Sarkozy。

　　法國總統貴為座上賓，當然搭配餐的也是以法國葡萄酒為主。第一道魚肉佐香檳醬汁不但延續了開胃香檳的味道，也串起第二款白酒。Joseph Drouhin這塊土地其實就是Abbaye de Morgeot一級歷史名園，以強勁的口感和花香、榛果等風味著稱，所以與蘑菇和奶油風味醬汁相得益彰。至於Margaux 1961，不用多做介紹，在進入70年代酒莊家族黑暗期之前的傳奇年份之一，與世紀年份1900和1953並列，可見滋味會有多麼美妙。這裡搭配的是大英帝國的羊排，菜單看不出醬汁的調理方式，但是新鮮的黑松露不但身分、價格可與之匹敵，香氣上也能相互激盪。不過，最後一道甜點除了宣揚國力之外（Dow是在葡萄牙釀造波特酒的英國酒商），在味道上比較看不出關連，香草冰淇淋或許可以互相襯托，但是大黃根與年份波特酒倒是令人費解，或許英國人有不同於一般的大黃根派作法。

　　這裡除了可以窺見餐酒搭配的原則之外，政治語彙的考量仍然有著相當大的比重。

# | 中菜╳葡萄酒 |

　　至於在中式菜餚的搭配方面，由於料理中或多或少都會加入醬油調味，蔥、薑、蒜也是常客，偏偏紅葡萄酒中的單寧與蔥、薑、蒜的交情不算太好，料理烹煮過的説不定還可以聊上幾句，生的則建議最好避不見面，因為它們明顯的「話不投機半句多」。另外，醬油集高鹹度、甜度和油脂感於一身，想要讓葡萄酒的風味在槍林彈雨中殺出一條血路，相當不容易，所以傳統上中菜配上一杯紹興、茅台、高粱或是五糧液，彼此才有對談的空間。但若真的想要試著以葡萄酒搭配中菜，或許帶著絢麗氣泡的香檳或氣泡酒能有不錯的表現。因為氣泡可以中和鹹味和油脂，而香氣濃郁奔放、酸度高的香檳，才能與上述中式的辛香料相抗衡（互補）。

　　如果不喜歡氣泡酒，那麼可以在口感厚實近乎豐腴黏稠，並帶著招牌荔枝、香料、生薑、肉桂等香氣的白葡萄品種Gewürztraminer裡找到解答。甚至可以用來搭配夜市常見的麻油、香油拌炒及三杯料理（和弦）。再者，濃郁、風味集中、甜美的Shiraz紅葡萄或許也可以為中菜解套。Shiraz招牌的黑胡椒風味可以中和中菜的辛香料，甜美口感的酒體和醬油間的角力之戰，戰勝率也較高。

　　最後，不妨嘗試香氣與紹興酒十分接近的法國黃酒（Vin Jaune）或是西班牙雪莉酒，這兩種走氧化風格的葡萄酒，若配上中式的魚翅料理和梅干扣肉，將會帶來讓你意想不到的驚喜！

▋乳酪與多數的白葡萄酒都很契合。

# 餐╳酒搭配
# 友善餐廳推薦

## | A CUT STEAKHOUSE |

台北店擁有超過560款紅白葡萄酒的
A CUT STEAKHOUSE，超過6,000瓶酒藏，
涵蓋新世界、舊世界及法國波爾多區五
大酒莊名酒。新竹店則濃縮了精華的251
款紅白葡萄酒，但不主打五大酒莊而提
供有年份、適合搭配牛排的酒款。 A CUT
STEAKHOUSE 專業的酒單，於2009年首次
參加世界級美國葡萄酒權威雜誌「Wine
Spectator」全球餐廳酒單評鑑活動，
榮獲Award of Excellence國際級認證。
2010年的專業酒單仍是台灣唯一被推薦
的頂級餐廳，而且更上層樓得到「Wine
Spectator」Best of Award of Excellence
國際級認證。

侍酒師會依據菜色給予適合佐餐的
紅白酒搭配建議，針對想要多樣嚐鮮或是
小酌的顧客，餐廳也貼心地隨時準備十款
以上不同的單杯葡萄酒可供選擇。另外
提供擁有超過250年歷史奧地利Riedel水
晶杯，針對不同酒款佐以不同杯型，如布
根地杯、波爾多杯等，透過杯身形狀的引
導，讓葡萄酒的香氣、風味、餘韻，與料
理舞出完美的演繹。

以「取牛肉最上乘的部位製作料理」為命名的A CUT STEAKHOUSE，提供最精緻的牛排饗宴。以乾式熟成的牛肉與各式葡萄酒為基礎，透過主廚精湛的廚藝、新鮮頂級的食材、專業侍酒服務，讓五感六覺與美食、美酒直接對話。

官方網站：http://www.acut.com/
自備酒水：服務費葡萄酒每瓶500元，
　　　　　烈酒每瓶1,000元。

**台北店**
電　　話：（02）2571-0389
地　　址：台北市中山北路二段63號B1

**新竹店**
電　　話：（03）515-1666＃3437
地　　址：新竹市中華路二段188號9樓

〈P.224-5 圖片由台北國賓大飯店提供〉

▌雖然裝潢華麗，但A Cut的葡萄酒單中卻有不少價格親民的選擇。

# | Pasta mio |

　　入口大型的白色石窯聳立，濃郁的木材香與麵皮香飄散，這是曾在五星級飯店、有著二十多年廚藝經驗的郭惠中主廚親手搭建起的舞台，而以法國進口麵粉製作麵皮的手工比薩餅，正是最耀眼的主角。

　　以木質設計延伸出店內一整面的葡萄酒牆，溫暖的燈光與氛圍，開立十二年的Pasta mio，是許多老饕與葡萄酒愛好者的聚會場所。除了私房義大利麵、道地的義大利家庭料理外，引進義大利的紅、白葡萄酒，也有少許澳洲、西班牙葡萄酒。由於自備酒水只酌收十分低廉的開瓶費，而且店內也有提供參加搭配的建議及單杯紅、白葡萄酒，因此在Pasta mio可以輕鬆又自在地實驗不同風味的酒與餐，享受各種搭配的變化與滋味，在這個像家一樣的場域，令人自然放鬆品嘗。

自備酒水：服務費300元

電　　話：（02）2778-0216

地　　址：台北市敦化北路50巷19號

▌家常的義式料理，除了容易讓人食指大動外，
　也非常適合搭配各式各樣的日常餐酒。

## | 老舅的家鄉味 |

由台中老舅的家鄉味二代經營的台北店，除了承襲了第一代純天然發酵的酸白菜鍋底，保持口味上的美味與純正外，在空間上則走簡約時尚風格，更進一步顛覆傳統地提供葡萄酒品嘗，中西合併所撞擊出的火花，在老舅的家鄉味被熱烈引爆。

一般用以搭配西式料理的葡萄酒，與酸菜白肉鍋相遇會是什麼樣的結果？帶有濃郁果香、酸度較高的白葡萄酒、氣泡酒、香檳，與酸白菜自然發酵而形成的果酸相得益彰，讓帶有些許刺激感的湯頭更為甘甜。且奇妙的是，若非自然發酵而是化學製作的酸白菜，反倒會被葡萄酒帶出濃郁且令人不舒服的酸，這也成為一種測試的指標。另外我曾經試過以酸度較高的紅葡萄酒佐餐，也有不錯的結果，唯一值得注意的是要盡量避開單寧過重的葡萄酒。

老舅的家鄉味提供葡萄酒的酒藏和品項雖然不多，但基於老闆們對葡萄酒的熱愛，對自行攜帶葡萄酒佐餐的客人十分友善，並且提供德國SCHOTT（蔡斯）水晶玻璃杯，讓用餐品質與感受升級。

官方網站：http://laujiotaipei.pixnet.net/blog

自備酒水：免收服務費

電　　話：（02）2718-1122

地　　址：台北市復興北路307號

▌老舅台北店顛覆了一般傳統酸菜鍋的印象，
　簡單、潔淨卻不失對傳統味道的堅持。

# | Sowieso |

坐落在大安區境巷內的Sowieso，因提供歐洲老式傳統義大利料理與美酒而聲名遠播。奧地利維也納WIFI餐飲學院求學回國的老闆洪昌維，從葡萄酒莊開起，進而將餐、酒這兩大歐洲餐飲文化的精髓結合，從花木扶疏的舒適空間、傳統卻不忘創新的義大利料理都塑造出濃濃的歐式風情，同時也提供澳洲、紐西蘭、法國、西班牙、義大利、美國、阿根廷、利智、奧地利等超過80款各國的紅、白葡萄酒。

種類繁多、口感豐富的起司在義大利餐點中是不可缺少的食材，從沙拉到主食，都能看見它的蹤影，起司的乳香和鹹味可以中和葡萄酒的澀味，起司的香氣也可以被葡萄酒帶出。就算對葡萄酒佐餐沒有太多概念的人，本身Sowieso的菜單設計就已經貼心安排了最適合每道料理的佐餐酒。這是身兼台灣侍酒師協會會長的老闆兼主廚洪昌維，持續致力於推廣餐搭酒概念的第一步。現在，台灣侍酒師協會也在他的帶領下，舉辦比賽、座談會、教學，影響更多消費者、餐飲業者以及餐飲學校教師，期待讓正確的餐搭酒觀念在台灣更普及與發揚光大。

官方網站：http://www.sowieso.tw/

自備酒水：服務費葡萄酒500元，
　　　　　烈酒1,000元。

電　　話：（02）2705-5282

地　　址：台北市四維路88號

■ 來Sowieso用餐，絕對不要錯過經典的招牌義大利麵。

## 同場加映

**台北亞都麗緻大飯店 巴黎廳1930**

官方網站：http://taipei.landishotelsresorts.
com/

電　　話：（02）2597-1234

地　　址：台北市中山區民權東路二段41號2樓

**L'Atelier de Joël Robuchon**

官方網站：http://www.robuchon.com.tw/

電　　話：（02）8729-2628 / 8729-2629

地　　址：台北市松仁路28號5樓

**STAY（Simple Table Alleno Yannick）**

電　　話：（02）8101-8177

地　　址：台北市信義區市府路45號

**台北西華飯店 Toscana**

官方網站：http://www.sherwood.com.tw/

自備酒水：服務費葡萄酒每瓶500元，
　　　　　烈酒每瓶800元。

電　　話：（02）2718-1188＃3001

地　　址：台北市民生東路三段111號

**DN Innovacion 鼎恩創意料理**

官方網站：http://www.dn-asia.com/

電　　話：（02）8780-1155

地　　址：台北市松仁路93號

**維多利亞酒店 N'168 PRIME牛排館**

官方網站：http://www.grandvictoria.com.
tw/

電　　話：（02）6602-5678

地　　址：台北市敬業四路168號

**Le Moût 樂沐法式餐廳**

官方網站：http://www.lemout.com/

電　　話：（04）2375-3002

地　　址：台中市西區存中街59號

**品爵生活法式小館**

電　　話：（04）2255-5945

地　　址：台中市西屯區朝富路156號

香檳總是料理百搭的好夥伴！

# Chapter VI

那 不 能 承 受 之 輕

# 從頭說起

*Dieu n'avait fait que de l'eau mais l'homme en a fait du vin.*

*—Victor Hugo*

神造水，人作酒。

——雨果

葡萄酒的歷史其實難以一一考據，它的出現彷彿造物者最動人的詩篇，只要一大串葡萄被擠壓破皮、流出葡萄原汁，再加上本身葡萄皮上的天然酵母，在適當的溫度環境下就可以自然地發酵成為原始的葡萄酒。

不過葡萄酒確定出現在人類的文獻或是圖畫、器具設計中，最遠可以追溯到西元三千年前的兩河流域美索不達米亞文化，以及西元一千多年前的埃及文化。從出土的葡萄酒器具和壁畫看來，葡萄酒在當時具有崇高的地位，是屬於神、國王及貴族的飲品。

接著，活躍在地中海並善於經商貿易的腓尼基人（Phoenician），除了為接下來的希臘文明帶來巨大的影響外，葡萄的種植與飲用文化也藉由卓越的航海技術，快速地傳遍地中海南北沿岸，其中包括北部非洲、西西里島、義大利南部以及法國南部等。

同時間，感性與理性兼具的希臘人在戴奧尼索斯（Dionysus）以及認為葡萄酒具有醫療效果的推波助瀾下，更新了葡萄酒釀造技術和實驗新葡萄品種。接手希臘文化的羅馬文化隨著帝國的日漸強大，和葡萄酒飲用的日常平民化，更奠定影響現今歐洲葡萄酒文化功不可沒的地位。

　　西元前五世紀時，羅馬帝國衰敗，開始了長達數百年的黑暗時期，直到中世紀，勤奮、苦修的修道士似乎也把對宗教的虔誠移情到了葡萄酒上。也許是基於對基督之血的崇敬，本篤教會（Benedictines）和西多教會（Cistercians）對葡萄酒的栽培、釀造等技術投入，以及田野調查和歸納統計也間接促成近代法定產區的制度。

　　十七世紀受到文藝復興及中產階級興起的簇擁下，法國主要的葡萄酒產區蓬勃發展，十九世紀的工業革命雖然帶來更快的腳步，卻也帶來歐洲葡萄樹最嚴重的黑死病：葡萄根瘤蚜蟲病（Phylloxera）。估計光法國就有兩百多萬公頃、十一億株的葡萄樹受到感染，歐洲其他國家也無一倖免，直到十九世紀末期發現使用可以抵抗根瘤蚜蟲的美洲砧木後，歐洲才得以恢復元氣。

　　最後，1855年拿破崙三世的分級制度、1857年巴斯德（Louis Pasteur）確定酒精發酵原理，以及1936年法國產區制度成立的這些關鍵點，對於現代葡萄酒的種植、釀造技術與觀念都有舉足輕重的影響。而近半個世紀以來，生產葡萄酒的新興國家因為有更多的自由與可能性，所以能吸引更多跨國集團匯集龐大的資金，使得無論是低價的日常生活餐酒或高價位的精品酒款，品質都能一日千里。

# 葡萄酒產區

## ｜法國｜

一直無法理解法國人到底前世燒了什麼好香，能擁有得天獨厚的地理位置，讓法國境內的葡萄酒產區能成為葡萄酒迷心中的天堂和應許之地（當然還有獨到的法定產區制定以及強大的行銷能力）。大致世界上主流或非主流的葡萄品種都能在法國找到典範，而且從低價位往高價位，不同口感、風格、濃淡的葡萄酒都足以供應，實在很難以短短的幾句話將法國葡萄酒產區的重點說完。

## 波爾多 Bordeaux

全世界最著名的葡萄酒產區之一，著名的1855年分級制度以右岸梅多克（Medoc）為主。波爾多以調配形態的葡萄酒著稱，因為河流的關係通常又被分為左岸和右岸。左岸紅酒以Cabernet Sauvignon（卡本內蘇維濃）和Merlot（梅洛）兩品種調配為主，右岸因為土壤以及氣候影響則以Merlot和Cabernet Franc（卡本內佛朗） 種植主力，也因為品種不同，左岸與右岸的葡萄酒風格有顯著的差異，通常右岸較左岸來的圓熟，而爭議頗多的車庫酒（Garage Wine）也發源自右岸。白酒部分一樣不違波爾多的傳統，以Sémillon（榭密雍）與Sauvignon Blanc（白蘇維濃）來調配。除了不甜的白酒外，少數地區甚至釀造出相當精彩的甜白酒。

## 布根地  Bourgogne

　　為法國靠近東部內陸另一個重要的葡萄酒產區，雖然葡萄種植面積只有三萬公頃，不及波爾多的四分之一，但是從價格上和全世界的聲望來看一點也不輸波爾多。布根地不同於波爾多講究調配，追求的是單一品種的獨白。紅酒以Pinot Noir（黑皮諾）　尊，白酒則是Chardonnay（夏多內）為主。在狹長的布根地裡，土質多樣性和微型氣候變化多端的作用下，使得布根地得以展現法國人最引以為傲的風土精神（Le terroir）。最南邊的薄酒萊（Beaujolais）成功地以新酒手法行銷於世，導致讓許多人忽略了其實傳統釀造的Gamay（加美）也相當精采並且有久存的實力。

## 阿爾薩斯　Alsace

　　以萊茵河與德國為界的阿爾薩斯是白酒的天堂，因為地處較寒冷的高緯度，已經不太適合紅葡萄的生長、成熟。雖然戰後歸屬法國，但是在葡萄酒風格上卻與德國相近，這一點直接地反應在酒標上（例如和德國一樣必須印出葡萄品種在酒標上），主要的葡萄品種有Riesling、Pinot Gris（Tokay）、Gewürztraminer、Muscat、Sylvaner等。另外也生產規定更嚴格的Vendanges Tardives（遲摘）以及Sélection de Grains Nobles（貴腐甜白酒）。

## 隆河谷地　Valleé du Rhône

　　細分為北隆河（Côtes du Rhône septentrionales）以及南隆河（Côtes du Rhône méridionales），北部著名的產區有Côte-Rôtie（羅第丘）、Hermitage（艾米達吉）、St-Joseph（聖喬瑟夫）、Condrieu（恭得里奧）等。紅葡萄品種只有Syrah（希哈），白葡萄則有Viognier、Marsanne以及Roussanne。隆河南部已經靠近地中海，氣候溫暖，種植相當多的品種，最出名的是可以混合13種不同品種 [註] 的教皇新堡產區（Châteauneuf-du-Pape）。

---

**註**

十三個品種分別為：黑葡萄——grenache、syrah、mourvèdre、terret Noir、counoise、muscardin、vaccarèse、cínsault；白葡萄——clairette、picardan、roussanne、bourboulenc、picpoul。

## 羅亞爾河　Vallée de la Loire

　　法國中部的羅亞爾河流域氣候溫和宜人，自古便有「法國的花園」稱號。蜿蜒的羅亞爾河貫穿，東西向橫跨了四百公里、幾乎是半個法國。因此，從沿海逐漸深入內陸的氣候，造就出多樣化的葡萄酒個性，例如靠近大西洋出海口清淡帶點礦石鹹味、適合拿來搭配海鮮、生蠔的Muscadet（蜜思卡得）；接著往上游開始出現精彩的Chenin Blanc（白梢楠），Cabernet Franc（卡本內佛朗）及Sauvignon Blanc（白蘇維濃）。較特別的是Chenin Blanc，在羅亞爾河產區釀造的Chenin Blanc白酒，無論不甜或是貴腐甜白酒都有讓人驚艷的表現，而最重要的是，羅亞爾河產區的價格也如其春天般的氣候十分親切！

## 香檳　Champagne

　　幾乎是法國緯度最北的葡萄酒產區，葡萄難以成熟，經過這兩百多年來的研究與努力，法國的香檳終於能在風土條件、釀造技術（瓶中二次發酵、調配）和商業行銷（品牌風格）共同結合下，將香檳塑造成全世界獨一無二的代名詞。

▌ 時常被世人忽略的羅亞爾河酒。

# ｜義大利｜ ▨▨

　　宛如一只長靴踩在地中海上的義大利，幾乎橫跨南北緯度10度。雖然地屬狹長，全國卻遍布葡萄產區，而且無論是產區面積及全國總產量，都在全世界前三名（八十五萬公頃，五十億公升）。雖然義大利種植葡萄、飲用葡萄酒的歷史幾乎和羅馬歷史一樣悠久，但是代表邁入現代的法定產區制度，卻比法國還晚了快三十年（不過不服輸的義大利人最後還是硬生生地多加了更高一級DOCG），原因無他，只因葡萄酒農世世代代幾乎都是自給自足的樂天知命主義者，在缺乏以更多生產品來換取更豐厚利益的動機下，種植面積、技術、設備當然都只是在原地踏步。也因為如此，我們現在仍可以品嘗到風格複雜多變，來自少見的義大利原生品種葡萄酒，而沒有太多國際品種氾濫的入侵（雖然最後還是出現不少IGT的價格遠遠凌駕在DOCG之上的狀況）。

　　代表義大利的紅葡萄品種有Nebbiolo（內比歐露）、Sangiovese（山吉歐維列）、Barbera（巴貝拉）、Primitivo等，白葡萄品種則有Cortese、Pinot Grigo、Trebbiano、Verdicchio、Garganega等。主要產區　Barolo、Barbaresco、Chianti、Brunello di Montalcino、Soave、Valpolicella、Taurasi等。

# ┃ 西班牙 ┃

　　由十七個不同自治區所組成的西班牙，似乎注定了在葡萄酒的風格上也如此多元化、難以界定其個性與風貌。很難形容這二十年的西班牙葡萄酒演進，雖然是世界上葡萄種植面積最大的國家（超過百萬公頃），但是因為氣候的關係，葡萄園裡的單位面積產量少得可憐，所以國家總產量只能拿到全世界第三（約四十億公升/年）。也許是西班牙人天生較重生活品質、盡情享受生命，所以在釀造和種植技術上一直沒有太多著墨，也因為如此，在科學技術或創新設備不斷地在全世界攻城略地的情況下，西班牙反而是保留歐洲最多老式傳統的國家。

　　但是另外一方面說來，西班牙這二十年來也是革新最劇烈的國家之一。因為葡萄園裡滿是近乎隨意種植、樹齡卻高達七、八十年甚至百年以上的老藤，吸引了為數不少懷抱理想的釀酒師，他們同時也帶來最新的科技與技術，為老得發酸的西班牙酒，注入活力並帶來全新風格。

　　西班牙著名產區有Rioja、Toro、Priorat、Rueda、Navarra、Montsant、Somontano、Penedes。

┃ 西班牙最迷人的還是屬於老式的西班牙。

### 雪莉酒　Sherry/Jerez/Xérès

　　只要提到西班牙，就不得不談一下這個產自西班牙最南部安達魯西亞自治區（Andalucía）內，風格獨具的葡萄酒。一般常見的Sherry是英文，Jerez才是西班牙語，Xérès是法文，後兩者指的都是雪莉酒的代表城市，同時也是雪莉酒商聚集地。雪莉酒之所以獨特，是因為全世界再也沒有其他葡萄酒產區像這裡一樣，葡萄酒的特性緊緊地扣著酵母、氣候、地理環境及培養過程（Solera）。

## Solera System

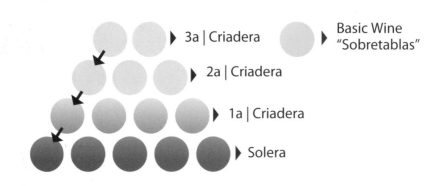

> **Solera**
>
> 培養雪莉的方法，是一種混合不同年份、讓同品牌的雪莉酒都能達到相同風味的培養方式。在堆疊數層的橡木桶中，最底層的就稱為Solera，每年酒廠會從最底下這層抽取酒液裝瓶，但不得多於三分之一。接著抽取上一層桶子中同樣數量的酒來回補到這一層，然後再從上一層取酒回補到上一層，以此類推。從第二層開始稱為第一層的Criadera，第三層稱為第二層的Criadera，依據每家酒廠的風格不同，Solera系統最少有三層到數十層。

而雪莉酒的分類大致以酵母花（Flor）的生長發展狀態作為依據（分類見下圖），例如：若是浮在酒液面的酵母花生長良好，將帶給雪莉酒獨特的新鮮杏仁或細緻的水果風味，並且因為這些酵母花吃光了酒中的甘油，使得雪莉酒口感乾瘦，甚至可以用來搭配油多鹽多的重口味食物，這類型的雪莉酒稱為Fino。Flor發展過程中慢慢死亡的則會變成Amontillado，另外如果一開始Flor的狀態就不佳的則會釀成Oloroso。

## 雪莉酒的分類

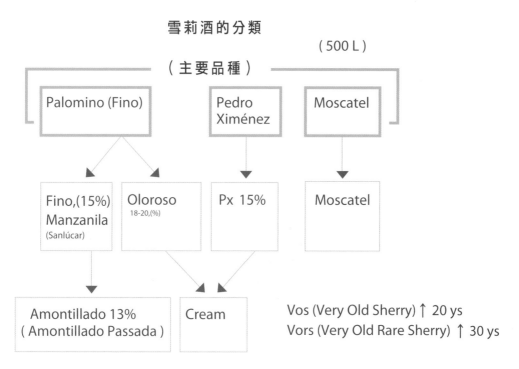

▌Amontilladou也有陳年的潛力！

## | 德 國 |  ▬

　　德國地處較寒冷的高緯度，幾乎已經在葡萄成熟的北邊極限，所以主要產區幾乎都在有河流貫穿、較溫暖的西南部，即便如此，需要較暖氣候的紅葡萄還是很難達到普通的成熟度，因此全國80%以上都是白葡萄酒。在眾多的白葡萄品種（Müller-Thurgau、Silvaner、Gewürztraminer、Gutedel、Rieslaner等）之中，最著名的還是Riesling（麗絲玲）。因為氣候和地質的關係，麗絲玲在德國展現了難以企及的絕佳風範。純淨、高酸度、漫著獨特的礦石與花香，甚至帶有招牌的葡萄柚皮或是類似汽油的揮發風味，在口感上則精巧平衡、架構堅實，相當經得起時間的陳年考驗。

　　除了較長、難發音的字母（像是字母頭上有兩點）與特定的葡萄酒產區限制外，德國人還加入另外一套全世界獨有的甜分分級制度。在最高等級的QmP（Qualitätswein mit Prädikat）等級中，依照含糖量的多寡從低到高分為六級，包括Kabinett、Spätlese、Auslese、Beerenauslese（簡稱BA）、Eiswein以及Trochenbeerenauslese（簡稱TBA）。而甜度最高的TBA必須是來自受到貴腐菌感染的葡萄串釀造。

　　著名產區有Mosel、Rheingau、Rheinhessen、Pfalz、Nahe、Baden。

## ｜美國｜ 🇺🇸

　　拜1976年著名的巴黎品酒會 註 之賜，美國葡萄酒就像美國的歷史一般，從革命中一鳴驚人。雖然在1918～1933年的禁酒令為美國釀酒業帶來巨大衝擊，但或許衝擊越重，反彈越高，那甜美討喜、物美價廉的美國酒，幾乎用著強奪豪取的姿態占據全世界人的胃囊。在飽和肥美的加州之後，西北部的奧勒岡州（Oregon）和華盛頓州（Washington）開始有了較清新的體態出現。但我不禁納悶，其實在老式的加州早已經有崇尚古典均衡細緻的例子出現，或許我們只是一味的早喝，反而錯過或是誤解成熟之後的美味。

---

註

1976年巴黎品酒會是由英國酒商所舉辦的一場法國與美國加州葡萄酒盲飲會，目的是為了要向法國介紹美國葡萄酒。所邀請的皆是法國數一數二知名的葡萄酒相關人士，有米其林三星餐廳的老闆、美食雜誌主編、侍酒師、酒莊主人等（像是Domaine de la Romanée-Conti 的莊主Aubert de Villaine）。而原本以為萬無一失的法國酒，最後的結果竟然跌破眾人眼鏡，紅白酒的第一名都是被美國酒拿走（紅酒是加州的Stag's Leap Wine Cellars 1973，白酒是加州的Chateau Montelena 1973）。其實法國酒的表現不差，紅酒分別得到二、三、四名，而且第一、二名之間的分數只有些微差距。這個結果之所以會如此轟動酒界，是因為在場的許多法國人皆自信地把美國酒誤認為自家法國酒，讓唯一的美國記者全程目睹了這場鬧劇。

或許老年份的酒款是打開加州酒秘密的一把鑰匙。

也許和老美不受拘束的個性有關，在法規上與歐洲不同，是比較鬆散的AVA（種植區域制度：Approved Viticultural Area），只要超過85%以上的葡萄或葡萄品種來自該區即可，正因如此，美國酒也有更多的自由和可能性。近來吸引葡萄酒界目光的是美國膜拜酒（Cult Wine），幾乎是法國右岸車庫酒的翻版。美國膜拜酒成就的原因還是來自於其商業機制，少得不能再少的產量（一年可能只有不到數千瓶）、高得不能再高的分數（有酒廠十年內拿了五次一百分滿分），當然還有市場投機客（在葡萄酒拍賣市場哄抬價格），導致一瓶動輒數千美金的成交價格出現，在僧多粥少的情況下，似乎只有等待金融泡沫危機、歐洲債務問題，還是中國經濟成長硬生生的著路等這類國際經濟衰退中，才能稍稍減緩「膜拜」的價格！

加州膜拜酒（Cult Wine）代表Screaming Eagle。

# | 澳 洲 |

　　雖然澳洲葡萄酒通常給人就是濃郁肥美的印象，但是在喝過越來越多的老年份澳洲葡萄酒後，不得不讓人重新思考這樣先入為主的觀念。有別於大量生產的平價易飲酒款，為數不少的澳洲酒廠開始釀造更有屬於自我地塊風格的澳洲葡萄酒。而其中一些品種例如Shiraz、Cabernet Sauvignon、Semillon、Riesling、Pinot Noir等，在澳洲都已經發展出屬於澳洲自我的風格，並且在國際市場上與舊世界抗衡。

　　因為澳洲氣候炎熱，適合生產葡萄酒的地區多半位於澳洲東南部沿海。目前重要的產區有Barossa Valley、Hunter Valley、McLaren Vale、Coonawarra、Adelaide Hills、Clare Valley、Eden Valley、Margaret River、Yarra Valley、Mornington Peninsula、Tasmania等。

▌或許老年份的Grange也可以搭上一塊「原生品種」的炙烤袋鼠菲力。

## Penfolds

　　雖然每回經過機場免稅商店時,看到最多的酒標總是印上鮮紅字體的Penfolds,但難得的是,這個自1984年創立,現在每年生產超過一百萬箱、價格從幾塊澳幣到數百澳幣的澳洲酒廠,依然有著屬於自己的風味個性!

▌老式的Penfolds帶給人完全不同風
　味的澳洲Shiraz。

▌ 如果碰巧參觀Magill的Penfolds，不妨順道在旁邊的Magill Estate Restaurant用餐，餐廳裡成
熟年份的Penfolds各種系列價格十分合理，佛心來著！

　　如果沒有機會參觀位於Magill或是Kalimnas帶點老式殖民地風格的釀酒中心，
那麼可能會被位在Nuriootpa接待中心旁那高大現代的不鏽鋼發酵槽所騙；又如果沒
能品嘗到老年份的Grange，那麼仍然會被年輕活潑的現代風味所誤導，因為如果沒
有碰巧品飲到Grange2007、2006、2000、1997、1995、1989、1987、1977、1976、
1971、1953十多個年份橫跨了五十多年的變化，老實說確實難以想像本來深植人心的
澳洲享樂式Shiraz風格，竟然有種像是女神般的古典風雅。超過三十年以上的熟成之
後，漫出的是些許甘草、杉木和野性的韻味，口感在嚴謹節制的架構中打轉，並且同
時擁有細緻、優雅綿長的尾韻。必須承認，如果在盲飲之下，幾乎會不加思索地認為
是老年份的波爾多產區酒品。摒除Grange或是高價位的系列不談，老少咸宜的中價
位Bin系列，在良好的保存情況下，二十年後才能開始展現另外一番風味，即便是入門
級的Thomas Hyland系列，在稍微陳年之後也能夠有優雅細緻的表現！

　　我不確定什麼樣的因素造就了Grange這般嫵媚的成熟變化，但是能確定的是，
Penfolds酒廠在這個滿是濃郁肥美的澳洲Shiraz風情年代裡，帶給我完全不同面向的
Shiraz震撼！

## | 智利 |

　　國土狹長的智利，釀出來的葡萄酒不像地形這般纖細，適合葡萄種植的地方大致位於智利中部，夾在西邊的太平洋與東邊高聳的安地列斯山脈之間。因為氣候乾燥、日夜溫差大、陽光充足，可以輕鬆種出具有成熟風味卻又均衡細緻的晚熟品種，加上土壤多屬砂質土，連葡萄根瘤蚜蟲都不易存活，簡直是葡萄生長的天堂。相較於其他國家產區必須藉由數個品種的調配釀造，帶著自然環境的優勢，使得智利反而著名在單一葡萄品種的生產。雖然沒有官方產區的認證制度，但是母音結尾的產區名稱似乎更能讓消費者朗朗上口，較著名的地區有Aconcagua，Casablanca，Maipo，Rapel，Curicó，Colchagua，Apalta，Maule，Bio Bio等。

　　利智的白葡萄酒不如紅酒出名，大多仍以外銷的國際品種，像是Chardonnay（夏多內）和Sauvignon Blanc（白蘇維濃）為主。而紅酒同樣以國際品種為主流，包括Cabernet Sauvignon（卡本內蘇維濃）、Merlot（梅洛），以及曾經被誤認成Merlot的Carmenère（卡門內）。

　　目前著名的酒廠有Concha y Toro，Casa Lapostolle，Montes，Cono Sur等。

## | 阿根廷 |

如果能摒除二次世界大戰後不穩的國內政治局勢,那麼阿根廷將有潛力成為下一個南美洲葡萄酒生產的新星。雖然阿根廷人非常愛喝也很能喝,但都是一些清淡甚至帶甜味的低價餐酒。因為受到政治局勢的影響,經濟也長期呈現低迷狀態,而經濟狀態勢必影響精緻葡萄酒業的發展,不過近二十年來已經有長足的進步。阿根廷的品種五花八門,例如少見的Bonarda、Pedro Ximenez、Criolla,近年來則有以Malbec為主的紅葡萄酒,以及由Torrontés釀製的白酒開始在國際市場上發聲。雖然阿根廷也有所謂的DOC制度,但是目前大家最耳熟能詳的還是非Mendoza省莫屬。

值得信賴的酒莊大多都是來自其他國家酒莊的資金與技術,例如Catena Zapata、Alamos、Terrazas、Cuvelier de los Andes、Kaiken、Trapiche、Trivento等酒莊。

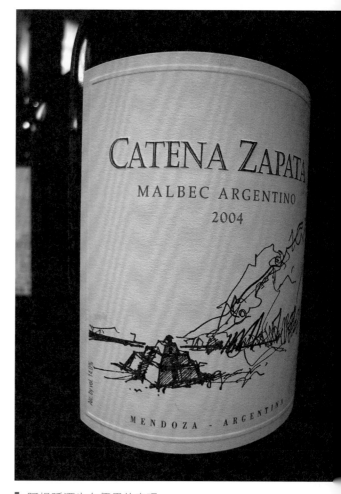

▍阿根廷酒也有優異的表現。

# 葡萄酒
# 基本分類認識與品種

## ｜基本分類｜

### 氣泡酒 Sparking Wines

　　基本上像汽水一樣，倒入杯子當中會不斷地有氣泡產生，我們就簡單稱為「氣泡酒」。氣泡酒前端的釀造步驟與其他紅白酒一樣，必須先經過「酒精發酵」，發酵後氣泡酒必須再加一次糖與酵母，接著糖與酵母再度作用產生二氧化碳，便是氣泡酒中壓力與氣泡的來源。全世界的氣泡酒依照二次發酵的方式不同，而有名稱上的差異，例如：以法國香檳區為首的傳統法（Traditional Method / Méthode Traditionelle，又稱香檳法 méthode champenoise）、或是成本較低廉的大槽法（Tank Method，也稱 Charmat Method）、另外還有更工業化的二氧化碳注入法（Carbonation）。因為酒液有壓力存在，使得瓶塞多半會添加一道抗壓力的裝置，像是鐵絲或鐵環等。

▌即使是西班牙的Cava也會使用傳統法。

▌ 波特酒以及VDN。

## 靜態酒　Still Wines

　　靜態酒就是經由單純自然酒精發酵的紅、白、粉紅葡萄酒等，並且液體中無殘留氣泡以及任何壓力。三種不同顏色葡萄酒的釀造方式大同小異，差別只是帶來顏色的葡萄皮在釀造過程中所扮演的角色。

　　**酒精發酵公式　：酵母＋糖分＝酒精＋二氧化碳**

　　不過礙於酵母無法在過高濃度的酒精中存活，靜態酒酒精濃度最多大概只能到15度左右（在一公升的葡萄汁中，每17公克的糖分可以轉成1度的酒精）。

## 加烈酒　Fortified Wines/ Liqueur Wines

　　加烈酒指的是不單純只有酒精發酵，另外還添加蒸餾酒精而製成的葡萄酒。也因此，酒精濃度比一般靜態酒要來的高，可以達到15～20度。依照添加蒸餾酒精時間的不同，我們分為雪莉法（Sherry method）與波特法（Port method），所以最著名的，也就是來自西班牙的雪莉酒以及葡萄牙波特酒，而在法國這樣的加烈酒稱為天然甜酒（Vin doux Naturel，簡稱VDN）。

# | 葡萄酒基本品種 |

## 常見的白葡萄品種（藍色字體為中國大陸譯名）

### Chardonnay（夏多內／霞多麗）

隨著釀造方式和產區環境而展現不同風味面貌的品種，栽培容易，全世界都不難見到她的芳蹤。好記又溫文儒雅的發音，更使得它在葡萄酒販售區的占有率始終居高不下，不同於其他白葡萄品種，夏多內其實是個沒什麼個性的品種，也因如此，反而容易與橡木桶結合。經過橡木桶培養的夏多內經常夾帶著討喜濃郁的奶油香氣，混合著香草、烤麵包、煙燻等風味，並且有著肥美的口感。即使全新橡木桶的價格居高不下，但是一些好大喜功的酒廠仍然經常釀造出超大號香濃肥膩的夏多內。

夏多內代表產區：法國布根地（Bourgogne）為首，從北邊的Chablis一直到偏南邊的Meursault以及Puligny-Montrachet，另外像是紐西蘭的Hawke's Bay、Marlborough以及澳洲的Adelaide Hills、Margaret River；美國的加州的Sonoma等，最後像是南美洲的智利、阿根廷都有物美價廉的好表現。

### 推薦品項：

美　　國：Newton/ Chateau Montelena/
　　　　　PeterMichael
法　　國：Verget/ La Chablisienne /Leflaive/ Sauzet
澳　　洲：Shaw & Smith/ Cape Mentelle
紐西蘭：Cloudy Bay/ Felton Road

▌ 美國夏多內有時也有不俗的表現。

法國布根地仍是夏多內的代表。

## Sauvignon Blanc（白蘇維濃／長相思）

　　相較於肥滋滋、沒個性的夏多內，帶有招牌濃郁青草系、鼠尾草、甚是被比喻像是貓尿風味的白蘇維濃，總能讓大多數的人眼睛為之一亮。其實原產於法國波爾多的白蘇維濃屬於比較早熟的品種，所以反而在波爾多北邊較為涼爽乾燥的羅亞爾河（Vallée de la Loire）上游得以展現最優秀的一面，像是有許多石灰岩和打火石的產區Sancerre或Pouilly-Fumé等，因為土壤的關係，濃郁的礦石風味張牙舞爪地幾乎像是火藥味。而在新世界的表現中，白蘇維濃的分布也相當廣，像是常常在酒標上變成Fumé Blanc的加州、澳洲等，南半球紐西蘭南島北端的Marlborgough產區、智利或是南非也都有相當不錯清新爽口的特色。最後回到波爾多，白蘇維濃與榭密雍（Sémillon）則像是雙口相聲地相互襯托、截長補短、各取所需，成就波爾多白酒風範！

**推薦品項：**

法　國：Henri Bourgeois/ Alphonse Mellot/ Didier Dagueneau

紐西蘭：Cloudy Bay/ Sileni/ Kim Crawford/ Saint Clair/ Delta

智　利：Casa Silva/ Viña San Pedro

## Riesling（麗絲玲／雷司令）

很少有葡萄品種可以釀成不同甜度，卻仍然十分美味且保持獨特的風味，來自德國萊茵河流域的麗絲玲就有這樣的百媚風格。麗絲玲的香氣濃郁、夾雜著明顯的葡萄柚皮或令人難忘的汽油氣味，經典產區同時帶著礦石和白花香氣。目前頂尖的麗絲玲產區主要仍在德國的萊茵高（Rheingau）、摩塞爾（Mosel）、法茲（Pfalz）、法國的阿爾薩斯（Alsace）以及奧地利等，和其他遲摘或是受到貴腐菌感染釀成甜度較高的白酒也相同（例如Beerenauslese、Trochenbeerenauslese、Eiswien等級），用麗絲玲釀成的甜白酒也具有很好的陳年潛力。新世界產區則有澳洲的克雷兒谷地（Clare Valley）、伊登谷地（Eden Valey），以及近來表現不俗的塔斯馬尼亞島（Tasmania），而紐西蘭南島上的麗絲玲則比較著重在水果風味上。

**推薦品項：**

法　國：Hugel/ Trimbach/ Zind-
　　　　Humbrecht/ Marcel Deiss/
　　　　Josmeyer

德　國：Egon Muller/ Dr. Loosen/ Fritz
　　　　Haag/ Robert Weil/ Schloss
　　　　Vollrads

澳　洲：Petaluma/ d'Arenberg/
　　　　Grosset/ Henschke/ Yalumba/
　　　　Wynns/ Tamar Ridge

■ 德國麗絲玲仍然是絕佳的典範。

## Chenin blanc（白梢楠／白詩南）

　　帶著金黃較深的光澤、通常有蜂蜜、花香和乾稻草風味，產自法國羅亞爾河（Loire:當地稱為Pineau de la Loire）。不太出名的白梢楠，除了法國之外，種植最廣也最多的應該算是南非了。不過，在南非稱為Steen的白梢楠，最主要被拿來釀製一般易飲便宜的餐桌酒（近年來品質有愈來愈好的趨勢）。白梢楠在羅亞爾河可以釀成不甜的干白酒或是高甜度的貴腐甜白酒，酸度高、口感濃郁算是特色之一，安茹（Anjou）和土倫（Touraine）兩大產區為其精華地。土倫地區的梧雷（Vouvray）以氣泡酒著稱；而安茹底下的莎弗尼耶（Savennières）生產相當高品質的不甜白酒，萊陽丘（Côteaux du Layon）產區以及其中的Bonnezeau和Quarts-de-Chaume，則以貴腐甜白酒為代表。

**推薦品項：**

法　　國：**Huet酒莊**，Vouvray產區，氣泡酒以及甜白酒。**Domaine des Baumard**，Quarts-de-Chaume甜白酒。**Nicolas Joly**，Savennières產區，Les Vieux Clos／Le Clos de la Bergerie／Clos de  la Coulée de Serrant

有時不太容易親近的Chenin blanc。

### Viognier（維歐尼耶／維歐尼）

　　酸度較低，酒精度高，口感圓厚，原產於法國隆河北部的Condrieu產區。有杏桃、水蜜桃、白色系花香等濃郁迷人的招牌香氣，除了Condrieu之外，還有最負盛名但也幾乎是法國最小的單一產區之一Château Grillet（只有3.8公頃，酒莊與產區同名）。維歐尼耶其實容易染病且栽培不易，所以價格往往居高不下。另外在隆河著名的紅酒產區Côte-Rôtie，還可以加入最多20%的維歐尼耶來增加Syrah的細緻度與香氣。近來在美國、澳洲和智利皆有少量但不錯的表現。

**推薦品項：**

法　國：Château Grillet/ Les Vins de Vienne/ Yves Cuilleron/ Guigal。

美　國：McManis/ Calera/ Alban vineyards。

澳　洲：Clonakilla/ Yalumba。

智　利：Cono Sur/ Casa Silva。

## Gewürztraminer（格烏茲塔明那／瓊瑤漿）

　　除了有點拗口外，長長的十四個字母也讓一般人難以記憶，加上像是德文常用的標記雙音符號（U上面兩點），也令人無法相信它其實是來自義大利北部的葡萄品種（不過義大利北部有不少德語區）。Gewürztraminer的香氣十分獨特濃郁，帶著荔枝、辛香料、玫瑰、薑、肉桂、芒果等招牌香氣，如果不是濃到太過分，還挺難讓人討厭。除了香氣濃郁，口感也不甘寂寞。不知是否因為葡萄皮本身總帶著粉紅色或棕色，葡萄酒的顏色比其他白酒深上許多，酒體也厚實、甚至近乎豐腴黏稠。雖然Gewürztraminer屬於早熟的品種，喜歡較涼爽的氣候，但缺點是酸度常常不足。想要釀造出均衡的Gewürztraminer，可得在採收的時間點上下工夫，過熟酸度不足，不夠熟則經典的香氣無法突顯。一般公認全世界最好的產區為送子鳥的故鄉——法國東北的阿爾薩斯產區（Alsace），在一些具有適合條件的年份甚至可以釀出遲摘（Vendange Tardive）或是貴腐甜白酒（SGN:Sélection de Grains Nobles） 註 。

**推薦品項：**

法　國：Hugel/ Trimbach/ Zind-Humbrecht/ Ostertag/ Weinbach
義大利：Terlano/ Elena Walch

---

**註**

SGN：Sélection de Grains Nobles，阿爾薩斯產區對於沾染貴腐黴葡萄的名稱，貴腐黴的菌根會穿過葡萄皮吸取葡萄中的水分，進而濃縮葡萄本身的風味，同時也會帶給葡萄一些特殊的香氣。

## 常見的紅葡萄品種（藍色字體為中國大陸譯名）

### Cabernet Sauvignon（卡本內蘇維濃／赤霞珠）

　　世界各處都有種植面積的Cabernet Sauvignon，讓我一直無法明白，為什麼它可以成為世界上最受歡迎的紅葡萄品種之一。豐富的單寧、中高酸度、結實口感及酒精，這樣的描述實在看不出任何會受歡迎的理由，這些特性使得Cabernet Sauvignon需要比其他品種更長時間等待和成熟，才會開始展現它天生華麗的一面。相反地，它在葡萄園中的表現則讓葡萄農輕鬆許多，皮厚枝壯的天性，讓它能在世界各地展現卓越的適應力與抗病能力。雖然在有些不夠成熟的年份容易產生粗澀的青椒、青草風味，但是只要能夠添加一些其他早熟的品種（例如Merlot），那麼調和出來的即是葡萄酒世界裡大家競相追尋的古典典範。

　　而在較溫暖的美國加州，則以完全成熟的卡本內蘇維濃向世人展現濃妝艷抹的一面。更純淨圓熟的果味、甜美討喜的口感將結實的骨架包裹地不著邊際，完全符合大口吃肉的美式豪邁作風。

▌歲月不減風霜的卡本內蘇維濃。

▌在Pomerol確實很高貴的Merlot。

## Merlot（梅洛／美樂）

　　相較於同樣原產自波爾多的卡本內蘇維濃，梅洛處處都顯得小一號。酸度較低、甜度較高，單寧也柔順得多，其早熟、多果味的特色，讓梅洛離開波爾多之後，得以快速地在世界各地餐桌上神氣活現。新世界種植的梅洛，總給人晶瑩剔透的粉紅水果硬糖感覺，甜美、活脫脫地新鮮紅色莓果，加上近似東坡肉般的豐腴脂膩，伊比鳩魯式的享樂主義與嚴肅古典的卡本內蘇維濃成為強烈對比。雖然在波爾多左岸只能充當老二，但是一跨過多涅河（Dordogne），以聖愛美濃（Saint-Émilion）和波美侯（Pomerol）為主（俗稱的右岸產區），則因土壤的關係而讓梅洛兼具豐厚堅實及細緻多變，足以推翻過去對梅洛的俗艷印象。

## Cabernet Franc（卡本內佛朗／品麗珠）

在卡本內蘇維濃和梅洛之後，卡本內佛朗在原產地波爾多的混調比例中，就像是舞台布景的角色，沒有它也行，但是有它就會更精采。酸度、單寧都比卡本內蘇維濃還要低，也比較早熟，主要帶著紅色莓果、土壤、招牌鉛筆心、石墨及煙燻風味。和白葡萄白蘇維濃一樣，卡本內佛朗跑到較北的羅亞爾河後，反而找到了屬於它的舞台，在那兒卡本內佛朗可以專心地唱自己的獨角戲。例如中部的希儂（Chinon）、布戈憶（Bourgueil）以及梭密爾－香比尼（Saumur-Champigny）等產區，100%的卡本內佛朗表現出更具力道，卻也同時保有品種特色以及細緻優雅的鄉村風格。另外，在遙遠寒冷的加拿大還會拿卡本內佛朗來釀製橘紅色的冰酒（icewine）。

## Pinot Noir（黑皮諾／黑皮諾）

產自法國布根地金丘（Côte-d'Or）最著名的嬌貴品種。體型嬌小、皮薄、易染病、照顧不易、釀出的顏色較淺，高酸度；中等酒體，纖細的單寧，這個看似沒有多少優點的葡萄品種，卻生產出全世界最昂貴的葡萄酒。或許是酸度較高、輕柔酒體的關係，一般而言剛開始接觸的人不會太喜歡，但像是招牌的櫻桃、櫻桃酒、覆盆子、香料、動物毛皮等多變的香氣，還有在可以震懾靈魂的酸度中帶有靈動、無法捉摸地細緻酒體，常令愛好者無法自拔。

除了在布根地單獨釀造外，喜歡涼爽環境的黑皮諾在香檳區也扮演重要的調配角色。在法德交界的阿爾薩斯（Alsace）和德國葡萄酒產區（在德國叫Spätburgunder），黑皮諾也是主要的黑葡萄品種。另外在美國的奧勒岡州（Oregon）、加州涼爽產區、澳洲、紐西蘭、智利等都有屬於自己的新詮釋。

**不容錯過黑皮諾的產區:**

法國布根地:Vosne-Romanée、
　　　　　　Chambolle-Musigny、
　　　　　　Gevrey-Chambertin。

美　　　國:Willamette Valley、Russian
　　　　　　River Valley、Carneros、
　　　　　　Santa Barbara。

澳　　　洲:Yarra Valley、Tasmania、
　　　　　　Pemberton、Mornington
　　　　　　Peninsula。

紐　西　蘭:Otago、Marlborough、
　　　　　　Canterbury、Nelson。

▍令人又愛又恨的黑皮諾。

### Syrah/Shiraz（希哈／西拉）

　　法國隆河（Valleé du Rhône）北部的主要品種之一，算是近代的後起之秀，現在全世界都能見到她的蹤影。她在澳洲被推上高峰，但是仍然只有在法國隆河北部（Côte-Rôtie、Hermitage、Cornas等）才展現出她最高雅耐久的一面。當Syrah獲得足夠的成熟度，將會具有豐富奔放的水果香氣，並且時常伴隨著迷迭香和黑胡椒風味，經過橡木桶熟成後則會帶著皮革、煙薰及肉味，搭配狩獵季節的野味十分令人著迷。

### Garnacha/Grenache（格那希／歌海娜）

　　原產於西班牙的Garnacha到了法國稱為Grenache。皮薄、易氧化、高酒精、酸度低、顏色淡、晚熟、沒有太多果味，幾乎沒有什麼優點的品種，不太適合拿來單獨釀造。不過在法國隆河南部的教皇新堡產區（Châteauneuf-du-Pape）反而有舉足輕重的地位，它可以帶來更圓潤的口感及辛香料風味。回到西班牙故鄉後，如果細心照料加上百年老藤，有可能釀造出號稱地中海黑皮諾式的優雅風味。

### Nebbiolo（內比歐露／內比奧羅）

　　很多人可能對於內比歐露這個葡萄品種沒有太多印象，但如果提到Barolo或是Barbaresco這兩個義大利最著名的產區，便會恍然大悟。原產於義大利皮蒙區（Piemonte）的內比歐露幾乎是為了這兩個產區量身訂做的葡萄品種，晚熟、高單寧、高酸度、高酒精帶出飽滿結實的酒體，大部分必須經超過十多年漫長歲月的熟化，才會開始散發出迷人的風味。像是焦油、紫羅蘭、香料和松露等香氣，而原本如嚼臘般的生硬單寧，也變得精巧細緻，留著長長的餘韻尾巴。

**推薦品項：**

Gaja/ Ceretto/ Roberto Voerzio/ Prunotto/ Conterno/ Bruno Giacosa/ Vietti/ Clerico/ Pio Cesare/ La Spinetta。

▌傳統的Barolro總是需要漫長的等待。

275

# 葡萄酒
## 的 種 植 、 採 收 、 釀 造

葡萄的一年：以北半球為例

發芽Débourrement/ budding out
**四月**

長葉 開花La floraison / the flowering
**五月 · 六月**

結果La nouaison / Berry settting
**七月**

成熟Maturation / Ripening
**八月 · 九月**

採收Les vendanges / The harvest
**九月底開始**

剪枝過冬La taille de la vigne / pruning
**十一月**

4
April

8 9
/
August, September

11
November

# | 紅葡萄酒釀造流程 |

基本來説，葡萄酒的酒精發酵公式為：

**糖分＋酵母＝酒精＋二氧化碳（另外會產生熱量）**

所以最基本的釀造葡萄酒原理為：首先，將採收的葡萄果粒榨汁以得到葡萄果汁，再加入酵母後進行「酒精發酵」，得到葡萄酒。而紅葡萄酒和白葡萄酒的差別，除了原本的紅葡萄及白葡萄不同之外，紅葡萄酒會進行浸皮的程序以獲得葡萄皮中的色素。接著，在酒精發酵後，紅葡萄酒會進行所謂的「乳酸發酵」，將酸度較高的蘋果酸轉化成為酸度較溫和的乳酸，但是白葡萄酒有時候會為了刻意保有較高的酸度而捨棄這個步驟。最後，在培養中有許多增添風味的方法，例如橡木桶培養、攪桶等，而在裝瓶前會採取換桶、過濾、澄清、添加二氧化硫等穩定酒質的程序。

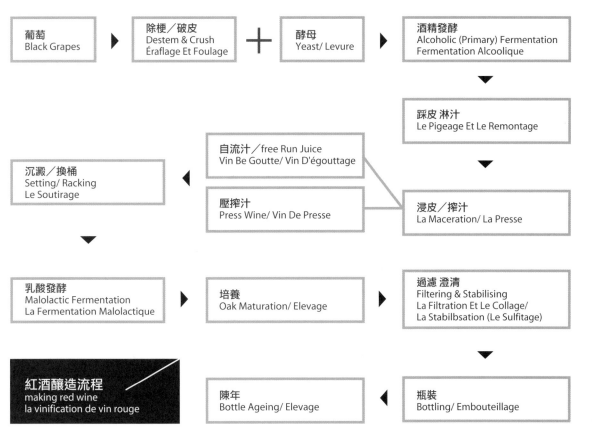

Yeast+suger=alcohol+carbon Dioxide

葡萄
Black Grapes

除梗／破皮
Destem & Crush
Éraflage Et Foulage

酵母
Yeast/ Levure

酒精發酵
Alcoholic (Primary) Fermentation
Fermentation Alcoolique

踩皮 淋汁
Le Pigeage Et Le Remontage

自流汁／free Run Juice
Vin Be Goutte/ Vin D'égouttage

沉澱／換桶
Setting/ Racking
Le Soutirage

壓搾汁
Press Wine/ Vin De Presse

浸皮／搾汁
La Maceration/ La Presse

乳酸發酵
Malolactic Fermentation
La Fermentation Malolactique

培養
Oak Maturation/ Elevage

過濾 澄清
Filtering & Stabilising
La Filtration Et Le Collage/
La Stabilbsation (Le Sulfitage)

紅酒釀造流程
making red wine
la vinification de vin rouge

陳年
Bottle Ageing/ Elevage

瓶裝
Bottling/ Embouteillage

# 白葡萄酒釀造流程

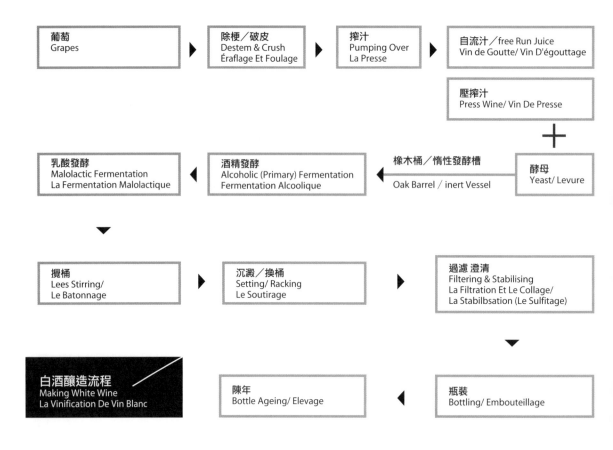

葡萄
Grapes

除梗／破皮
Destem & Crush
Éraflage Et Foulage

搾汁
Pumping Over
La Presse

自流汁／free Run Juice
Vin de Goutte/ Vin D'égouttage

壓搾汁
Press Wine/ Vin De Presse

酵母
Yeast/ Levure

橡木桶／惰性發酵槽
Oak Barrel / inert Vessel

酒精發酵
Alcoholic (Primary) Fermentation
Fermentation Alcoolique

乳酸發酵
Malolactic Fermentation
La Fermentation Malolactique

攪桶
Lees Stirring/
Le Batonnage

沉澱／換桶
Setting/ Racking
Le Soutirage

過濾 澄清
Filtering & Stabilising
La Filtration Et Le Collage/
La Stabilbsation (Le Sulfitage)

白酒釀造流程
Making White Wine
La Vinification De Vin Blanc

陳年
Bottle Ageing/ Elevage

瓶裝
Bottling/ Embouteillage

## ｜氣泡酒釀造法｜

基酒
base wines
vin Tranquilles

調配
blending
assemblage
+
酵母 糖分
add sugar & yeast
tirage

**大槽法**

加壓槽
pressure tank

槽中二次發酵
2nd fermentation

降溫
cooling

澄清除渣
clarification

charmat method

加糖
dosage

**香檳法**

裝瓶
Bottling

瓶中二次發酵
2nd fermentation

酵母陳年
less ageing

轉瓶沉澱
ridding
remuage

除渣
disgorgement
dégorgement

傳統封瓶前加糖
dosage

traditional method
méthode traditionnelle

裝瓶
Bottling

■ 法文 ┃ 約 4 公克的糖分就可以產生1大氣壓力。

# 後記：
# 一百分的酒與黃金液體

Silence !!
Tout est dans le vin.

　　噤聲！一切都在酒裡了。
　　　　　　　——法國諺語

　　人類絕對是虛榮的動物！

　　把葡萄酒的風味分成一百等分，這完全是把一件幾乎難以量化的農產品量化了！但事實上有多少人能分辨得出滿分一百分與九十九分的差別？或是九十九分與九十八分的不同？又或，一百分對你（妳）而言有無意義？像是考試一樣獲得滿分的快感嗎？還是品嘗這滿分的葡萄酒能得到征服般的優越感？

　　這一百分，可能意味著需要等待十五年甚至二十年、三十年的成熟，才能達到它的巔峰；這一百分，也可能意味著要多些預算才能購買，甚至得按照比例搭配才能有少量的配額。無法否認，在認識葡萄酒、享受葡萄酒的過程中，總會歷經一段追逐這些滿分葡萄酒的日子，但是最後，我個人最終沒有因此比較快樂或是感到滿足！幸運的是，因為工作的關係，讓我能夠很快地躍入下一個階段：追尋自己的酒。那麼，什麼是屬於自己的酒呢？就是自己能力所及消費得起的，同時也能帶給自己愉悅的葡萄酒。

畢竟調薪升職不是每年都有，消費能力可能在短時間內無法有太大的變化，但是發掘更多可以帶來愉悅的葡萄酒的速度，卻可以稍稍加快腳步。因為我們必須清楚地體認到，葡萄酒當初推出時的本意，並非專注在商業炒作上，而且全世界流通的葡萄酒，只有非常少的比例是所謂的精品葡萄酒。所以在你開瓶之前，在餐廳酒單挑選之間，有太多太多的選擇，而認識這些五花八門的選擇，只需要靠自己多方嘗試、多多品嘗，並且不設限地以全然開放的心，來傾聽葡萄酒的聲音。

我在這十多年的品酒生涯中，喝過了不少所謂的滿分酒、膜拜酒、夢幻酒，它們的優點是，品質幾乎無可挑剔，唯一、也是最大的缺點只有價格。一瓶標準750ml的法國布根地特級園La Romanée-Conti，年產量不到一萬瓶，現在平均市面上販售的新年份都要超過台幣25萬元，好的年份甚至高達50萬，等於一毫升要價666元（真是惡魔的數字！），吞下半口10ml就要拿出七張千元大鈔。這樣的價格壓力，對我而言已經超過並且喪失葡萄酒所帶來的感動與歡愉了。

其實沒有什麼酒或是產區永遠是最好的，葡萄酒像是有生命似地，會因地點、時間、餐點、氣氛甚至品飲對象的不同，永遠帶來意想不到的變化與結果。吃顆新鮮的布列塔尼生蠔，搭配一杯不到四歐的羅亞爾河Muscadet白酒，一定比一瓶要價1,500美金以上的Screaming Eagle還要來得美味許多，而你也應該不會傻到吃著台灣名產鳳梨酥時，還斟上一杯1982的Château Latour。所以學習如何選在恰當的時間、合適的地點、對的人陪伴來品嘗合宜的葡萄酒，才是撰寫本書的最大目的之一。也只有如此，我們才能用最大的角度來品嘗、欣賞葡萄酒，而葡萄酒也將展現其最多的內涵。

葡萄酒也可以簡單地生活化，不必非要搭配山珍海味，也不需要特別名貴的莊園，畢竟它們都是葡萄酒農親手照顧、栽種、釀造、集中濃縮多種能量與精神的液體。葡萄酒帶給我很多美妙的時刻，也希望它能夠帶給大家同樣的體驗。

　　最後，這彷彿是一趟自我尋找的旅程，藉由品飲葡萄酒來檢視對自我的觀照以及人生百態！無論如何，葡萄酒總會向你我展現它的所有，也能夠同時反映出你我的模樣。但關鍵的是，我們是否能在品飲的過程中發現、體會，並且獲得尾韻之後帶來的啟示。

元代古人有云：

路遙遙
水迢迢
功名盡在長安道

今日年少明日老
山
依舊好
人
憔悴了

酒
喝了最好！

葡萄酒裡也有生離死別、悲歡離合。

# 附錄

# 認識
## 葡萄酒專業術語
### | 酒瓶容量表 |

| 容量/<br>公升(L) | 瓶量<br>(bouteille) | 分類 | | |
|---|---|---|---|---|
| | | Champagne 香檳 | Bourgogne 布根地 | Bordeaux 波爾多 |
| 0,094 | 1/8 | Huitième | Fillette | — |
| 0,187 | 1/4 | Quart（188ml） | Picollo | Picollo |
| 0,25 | 1/3 | — | — | Chopine |
| 0,375 | 1/2 | Demi / half-bottle | Demi | Demi ou Fillette |
| 0,50 | 2/3 | — | Pot (Beaujolais) | — |
| 0,60 | 4/5 | Médium | — | — |
| 0,75 | 1 | Bouteille/<br>Standard Bottle | Bouteille/<br>Standard Bottle | Bouteille/<br>Standard Bottle |
| 1,5 | 2 | Magnum | Magnum | Magnum |
| 2,25 | 3 | — | — | Marie-jeanne |
| 3 | 4 | Jéroboam | Jéroboam | Double magnum |
| 4,5 | 6 | Réhoboam | Réhoboam | Jéroboam |
| 6 | 8 | Mathusalem/<br>Methuselah | Mathusalem/<br>Methuselah | Impériale |
| 9 | 12 | Salmanazar | Salmanazar | Salmanazar |
| 12 | 16 | Balthazar | Balthazar | Balthazar |
| 15 | 20 | Nabuchodonosor/<br>Nebuchadnezzar | Nabuchodonosor/<br>Nebuchadnezzar | Nabuchodonosor/<br>Nebuchadnezzar |
| 18 | 24 | Salomon | Salomon | Melchior |
| 26,25 | 35 | Souverain | — | — |
| 27 | 36 | Primat | Primat | — |
| 30 | 40 | Melchizédech | Melchizédech | — |
| 93 | 124 | Adélaïde | — | — |
| 150 | 200 | Sublime | — | — |

■ 法文　■ 英文　■ 一般來説酒瓶容量較多使用波爾多式。

# 香檳口感分類（依照含糖量分）

Brut nature（non dosé/dosage zéro）：少於3公克／每公升

Extra brut：少於6公克／每公升

Brut：少於15公克／每公升

Extra sec：介於12～20公克／每公升

Sec：17～35公克／每公升

Demi-sec：33～50公克／每公升

Doux：高於50公克／每公升

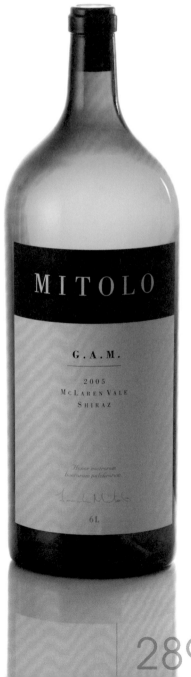

# 葡萄酒
# 專業進修

## | WSET（Wine & Spirit Education Trust）
## 英國葡萄酒及烈酒教育基金會 |

官方網站：http://www.wsetglobal.com/default.asp

　　成立於1969年的英國葡萄酒及烈酒教育基金會（WSET），為非營利組織，致力於高品質葡萄酒及烈酒教育。自成立以來WSET逐漸成為葡萄酒及烈酒教育領域首屈一指的國際組織，其授予的認證在全世界範圍內受到業界人士的廣泛認可。

　　WSET培訓是透過位於世界各地的授權培訓機構來達成。這些授權培訓機構經過了WSET的嚴格篩選及評測，以確保其具備WSET所要求的教育資質，WSET同時也擁有一批認證教師，授權講師會定期或不定期參加WSET的再培訓，以確保所教授的內容貼近酒業發展的最新動向。

　　WAST的課程和資格，包括五種不同層次的知識和技能，葡萄酒及烈酒資格課程更涵蓋產品知識和品酒技巧，近期更在亞洲的新加坡、北京、上海開設認證課程，以遠距教學方式進修後，於指定日期進行統一測驗。

## | ISG（International Sommelier Guild）
## 國際侍酒師協會 |

官方網站：https://www.internationalsommelier.com/

　　國際侍酒師協會（ISG）是唯一獲得BOE（Board of Education，美國各州教育部）認可和批准的侍酒師教育機構。1984年前成立的 ISG 總部設在美國佛羅裡達州，教學點覆蓋美國和加拿大50多所公立或私立大學，在全球60多個城市有分校。ISG設有侍酒師初級、中級、侍酒師文憑認證、教師資格認證以及侍酒師大師認證。ISG目前在亞洲中國杭州、長沙、上海、廣州、北京、香港上環皆有據點，並於台灣台北、台中設立國際侍酒師協會台灣分部。

# | TSA（Taiwan Sommelier Association）
## 社團法人台灣侍酒師協會 |

官方網站：http://www.sommelier.tw/

社團法人台灣侍酒師協會（TSA）於2009年由《葡萄酒全書》作者林裕森發起，並於2010年成立。TSA集結國內餐飲業的人才，積極爭取與運用台灣與國外的資源來提升葡萄酒專業知識。透過TSA的永續教育訓練與相關創意文化活動舉辦，創造、維護並提昇台灣專業侍酒師的價值與專業服務水準，同時推廣負責的飲酒文化與深層的餐酒與飲食賞析系統知識。

2010年TSA與法國食品協會合辦2010 Taiwan's Best Sommelier台灣最佳法國酒侍酒師競賽，並於同年獲國際組織國際侍酒協會Association de la Sommellerie Internationale（ASI）通過台灣成為觀察會員國，自此可以參加國際賽事，與國際侍酒界接軌，並得以參與2012年在韓國舉行的亞太地區侍酒師賽。目前TSA持續開設專業侍酒師培訓課程、舉辦品酒會、酒展，同時於2012年規劃全國青年侍酒師競賽種子裁判培訓研習，將標準的侍酒模式至使餐廳外場的侍酒訓練、學校老師教授的侍酒流程標準化，於基礎教育中深耕。

---

# | CMS（Court of Master Sommeliers）
## 世界侍酒大師協會 |

官方網站：http://www.mastersommeliers.org/

世界侍酒大師協會（CMS）1977年成立於英國，在美國發揚光大，其宗旨在維護葡萄酒標準服務，需經歷四個級別考試才能登上CWE大師寶座，至今全世界僅有不到200人獲得CMS的侍酒師文憑，由於困難度高，通過考試的機率僅有3%，是目前公認最難取得的侍酒師認證。

CMS和其他機構不同的地方在於，除第一階段初級侍酒師課程，指導和培訓對葡萄酒、烈酒的知識、正確的服務以及盲品後進行考試外，其後的三級皆僅提供考試，因此需要自學或先於其他機構進修後，再於CMS考試取得證照。

# | IMW（Institute of Masters of Wine）葡萄酒大師學院 |

官方網站：http://www.mastersofwine.org/

　　1955年成立於倫敦的葡萄酒大師學院（IMW）為非營利組織，致力於在葡萄酒貿易中成為最高等的教育和專業標準。要獲得IMW頭銜，一般需要先通過當地的相關考試，如在英國和一些國家需獲得WSET的畢業證書，再向IMW提出申請。申請被接受後，必需經過至少兩年的學習，IMW不提供任何課程，而是需要依照IMW的大綱自修，除需要閱讀大量相關書籍，從葡萄種植、葡萄酒釀造，到市場銷售、葡萄酒與健康等，加強理論認知的寬度，加深理論掌握的厚度，盡可能多訪問酒莊、多品酒，掌握葡萄酒的世界地理分佈、酒的特點。最終再通過每年六月於英國倫敦、澳洲雪梨、美國舊金山三天半的考試，並且撰寫論文。目前全世界授證於IMW得到葡萄酒大師認證的僅有約300位。

# | Sopexa法國食品協會 |

官方網站：http://www.sopexa.com/

　　法國食品協會（Sopexa）成立至今已超過四十五年，除了精曉法國式的生活藝術，同時也為食品市場與食品宣傳的專業機構，不管在法國還是在其他國家，Sopexa成為許多法國食品企業的專業顧問，擁有國際性的教育網絡，在全世界設有26個辦事處，包括亞洲的馬來西亞、日本、韓國、泰國、中國及台灣。

# | TWA 台灣酒研學苑 |

官方網站：http://www.wineacademy.tw/

　　台灣酒研學苑（TWA）成立於2009年，是台灣第一家獲得國際酒類認證授權的教育中心，經由國際酒類認證機構的嚴格審核、認可與授權，致力推廣高品質、與國際市場同步認證之酒類課程。於2010年開始承辦WSET英國葡萄酒暨烈酒教育基金會認證課程、ISG美國侍酒師文憑認證課程，及SSI日本酒侍酒研究會認證課程。

　　TWA的師資為業界經驗豐富的講師，在台北、台中、高雄進行授課，除專注酒類教育訓練，提供最客觀與完整的酒類課程，同時也協助各大企業進行內部專業人員培訓，並定期舉辦專業人士酒類研討講習。教學內容遵循國際標準，同時也編制在地化的教材，確保教學內容的理論與實務專業並進。

# 專業
## 葡萄酒器具哪裡買

| 葡萄酒杯、醒酒器 |

**01**

**法國Chef & Sommelier（C&S）專業酒杯系列、醒酒器**

台灣代理：業騰企業有限公司

電　　話：（02）2917-7658

地　　址：新北市新店區寶橋路235巷16弄7號4樓

---

**02**

**德國LEGLE 宮廷御用高級無鉛水晶杯**

台灣代理：哈維餐飲管理顧問公司

電　　話：（02）2705-5282

地　　址：台北市大安區四維路88號1樓

---

**03**

**德國Spiegelau 手工水晶杯**

台灣代理：長榮桂冠酒坊

電　　話：（02）2569-9966

地　　址：總公司－台北市南京東路二段53號2樓

官方網站：http://www.evergreet.com.tw/MainIndex.aspx

---

**04**

**德國Schott-Zwiesel 百年工藝水晶玻璃杯、醒酒器**

台灣代理：誠品酒窖

電　　話：（02）2503-7687

地　　址：本部－台北市中山區建國北路二段135/137號B1

官方網站：http://www.eslitewine.com/inpage.htm

**奧地利Riedel 酒杯裡的勞斯萊斯**

**台灣代理：居禮名店（聯友企業）**

電　　話：（02）2702-7717

地　　址：台北市仁愛路三段26號11樓

官方網站：http://www.carolee.com.tw

**法國L'Atelier du vin 最齊全的品酒用品品牌**

台灣代理：Hyphenea頤爾東西國際有限公司

電　　話：（02）2736-0321

地　　址：概念店－台北市安和路二段171巷5號1樓

官方網站：http://www.hyphenea.com.tw/index.html

# | 葡萄酒香氣組 |

　　香氣瓶內複製了世界各地紅、白葡萄酒，以及香檳酒所能夠呈現出的所有典型香氣。能夠識別這些香氣，將會更助於品酒者對葡萄酒香氣的理解。這些香氣組在台灣沒有專門的代理商進口，因此僅能在網路上訂購。

## Le nez du vin　酒鼻子 法國原裝品酒香氣組

官方網站：http://www.lenezduvin.fr/

　　1980年由香味大師Jean Lenoir發明，當時正值法國品酒和酒香鑒賞文化的革新時期，至今已經有三十二年歷史，其後風行於歐美各國數十年，被公認為名流雅仕們訓練及提昇品酒能力之必備工具。這是把葡萄酒可能會出現的各種味道，包括了黑醋栗、煙燻、紫羅蘭、胡椒、水蜜桃、黑巧克力、鳳梨、松露等，以香料做成香料罐或精油形式，幫助品酒者認識和體會一瓶酒的香味結構，對品酒的助益不小，藉以加強對葡萄酒各種基本香味的正確辨識及表達。2003版「酒鼻子」，是經過了二十五年間五次版本更新後推出的，包含葡萄酒中78種典型氣味，包含54種香味（約台幣15,000元）、12種濁味（約台幣4,000元）和12種橡木味（約台幣4,000元）。

## 法國　Oenarom

官方網站：http://www.sentosphere.fr/

　　法國Oenarom香氣組，分為三種不同系列組合，包含綜合60種氣味（約8,800台幣）、紅白酒各20種氣味（各約1,500台幣），其後又推出最新版的酒神香氣組（約1,900台幣），以膠囊封存40種氣味，另外附上教學光碟（英文/法文）、手冊與指南、品酒表及風味辭典，引領品酒者經由對不同氣味的感受，進一步提昇對葡萄酒豐富氣味、品種、產區的認知。

### 德國 Aromabar

官方網站：http://www.aromabar.de/

　　葡萄酒的香氣豐富且多變，經由德國Aromabar香氣組，可以認識各種發生在葡萄酒中的香氣及味道。Aromabar分為入門款的12種紅、白葡萄酒香氣；12種橡木桶味；12種濁味；12種巧克力味；24種紅白葡萄酒主要香氣（約2,300至4,000台幣）。另外更有精緻的木盒組，容納了60種紅白酒香氣（約11,000台幣），在嗅覺的訓練下，進而體驗葡萄酒帶來的樂趣與享受。

### Aromaster 酒香大師

官方網站：http://www.aromaster.com/

　　酒香大師包含了全世界80種能在氣泡酒、白葡萄酒、紅葡萄酒和甜酒中找到的最常見的芳香和缺陷味。

# 葡萄酒
## 專賣

### 心世紀葡萄酒（提供酒窖出租）

電話：（02）2521-3121
地址：總店－台北市松江路156巷7號

天母店
電話：（02）2871-2833
地址：台北市忠誠路二段166巷29弄2號

### 詩人酒窖

電話：（04）2327-2924
地址：台中市中港路一段207號

### 大同亞瑟頓（提供酒窖出租）

天母門市
電話：（02）2871-1211
地址：台北市天母北路45號

復北門市
電話：（02）2546-2181~2
地址：台北市南京東路三段225號

台南門市
電話:（06）275-4321
地址:台南市東區大學路22巷12號2樓

高雄門市
電話：（07）235-0913
地址：高雄市忠孝一路 499 號

### 長榮酒坊

一江門市
電話：（02）2567-2288
地址：台北市中山區一江街21-1號

安和門市
電話：（02）2754-7970
地址：台北市大安區安和路二段12號

微風廣場門市
電話：（02）8772-6712
地址：台北市松山區復興南路一段39號
　　　（微風廣場B2）

微風車站門市
電話：（02）2389-0185
地址：台北市中正區北平西路3號2樓
　　　（台北車站微風食尚中心2樓）

高雄台糖楠梓門市
電話：（07）355-5111
地址：高雄市楠梓區土庫一路60號B1

### 達迷酒坊

電話：（02）2500-0969
地址：台北市中山區松江路25巷5號

## 雅得蕊（提供酒窖租賃）

內湖門市

電話：（02）2791-0228

地址：台北市內湖區新湖二路146巷6號

南京門市

電話：（02）2719-6779

地址：台北市中山區南京東路三段225號

復興門市

電話：（02）2777-2279

地址：台北市大安區復興南路一段162號

## 維納瑞酒窖（提供酒窖出租）

電話：（02）2784-7699

地址：台北市信義路四段265巷12弄3號

## 方瑞酒藏

電話：（02）2709-8166

地址：台北市仁愛路四段112巷27號

## 邀月酒坊

電話：（02）2748-8747

地址：台北市民生東路五段69巷2-6號

## 五號酒館（提供酒窖出租）

電話：（02）2345-1178

地址：台北市忠孝東路五段372巷28弄19號

## 交響樂

電話：（02）2741-2939

地址：台北市中山區龍江路21巷17號1樓

## 常瑞

大直店

電話：（02）8502-3386

地址：台北市中山區明水路678號

高雄總公司

電話：（07）359-2396

地址：高雄市左營區博愛三路101號2樓

## 美多客

電話：（02）2708-8721

地址：台北市東豐街77號

## 大葡園（提供酒窖出租）

電話：（02）2702-5025

地址：台北市大安區信義路四段199巷33號1樓

## 誠品酒窖

### 建北總店
電話：（02）2503-7687
地址：台北市中山區建國北路二段
　　　135-137號B1

### 敦南店
電話：（02）6638-7589
地址：台北市敦化南路一段245號（誠
　　　品敦南店）B1

### 信義店
電話：（02）6639-9907
地址：台北市松高路11號
　　　（誠品信義店）B2

### 台中店
電話：（04）3609-5755
地址：台中市公益路68號3F
　　　（台中勤美誠品）3F

## 酒瓶子（提供酒窖出租）

### 和平店
電話：（02）8732-4588
地址：台北市大安區和平東路三段228
　　　巷19號

### 民族店
電話：（02）2585-1355
地址：台北市民族東路190號

## 樂活洋酒（提供酒窖出租）
電話：（02）2755-1808
地址：台北市大安區安和路一段102巷9號

## 法蘭絲酒坊
電話：02-2795-5615
地址：台北市內湖區新湖三路132號6樓

## iCheers愛酒窩
電話：(02)2926-3667
地址：新北市永和區成功路一段80號18樓

## 茗藤酒窖
電話：(02)2657-5111
地址：台北市內湖區港漧路208號

## Vinum Fine Wine
電話：(02)8773-2842
地址：台北市大安區安和路一段9號

# 貪杯，
# 也貪讀。

聶 Nien's 簽書會

## 《聶的嗜酒美學》讀者品酒會

**今** 年最知性與感性兼具的品酒會，由專業侍酒師聶汎勳Nien帶領讀者一窺葡萄酒的奧秘，以酒會友，置身溫柔酒鄉！

時　間：2012. 10. 19 (五) 7：30pm

地　點：長榮酒坊安和門市 (台北市大安區安和路二段12號)

費　用：原價800元，購書讀者憑《聶的嗜酒美學》以250元優惠價入場

　　　　（購書一本限兌換優惠一人入場）限定20名

報名請洽：尖端出版(02) 2500-7600分機1426

## 《聶的嗜酒美學》誠品書店．玩味食玩講座

**針** 對葡萄酒入門者量身打造品酒講座，傳授正確且有趣的葡萄酒品飲美學，Step by Step，專業侍酒師聶汎勳Nien帶你剛入門就懂酒！

時　間：2012. 11. 23 (五) 3：30pm

地　點：誠品信義店3F飲食書區 Cooking Studio

參加方式：免費入場，歡迎參加

報名事項：請於活動當天上午10:00起，至誠品信義三樓服務台登記報名，額滿為止

　　　　（每人至多可登記兩位）

　　　　Cooking Studio 於15:00唱名依序入座，15:20開放候補；如未登記仍可參加活動，因席位有限，如無座位請多包涵。

# 聶 *Nien* 的
# 嗜 酒 美 學

挑選╳品嘗╳搭配，侍酒師帶你入門就懂酒

作　　　者／聶汎勳Nien
採訪整理／0519 STUDIO譚聿芯Ling  ling0519@gmail.com

發 行 人／黃鎮隆
協　　理／張偉銘
總 編 輯／潘玫均
企劃編輯／楊裴文
美術總監／徐祺鈞
攝　　影／熙倫藝術商業攝影 陳熙倫 007jamescat@gmail.com
美術設計／比利張 rockabillycool@hotmail.com
公關宣傳／王冉均
廣告專線／黃彥達 (02)25007600 ＃1503


出　　　版／城邦文化事業股份有限公司 尖端出版
　　　　　　台北市民生東路二段141號10樓
　　　　　　電話：(02)2500-7600 傳真：(02)2500-1971
發　　　行／英屬蓋曼群島商家庭傳媒股份有限公司
　　　　　　城邦分公司 尖端出版行銷業務部
　　　　　　台北市民生東路二段141號10樓
　　　　　　電話：(02)2500-7600（代表號）傳真：(02)2500-1979
　　　　　　讀者信箱：peirwen_yang@spp.com.tw
　　　　　　劃撥專線：(03)312-4212
　　　　　　劃撥戶名：英屬蓋曼群島商家庭傳媒（股）公司城邦分公司
　　　　　　劃撥帳號：50003021
　　　　　　◎劃撥金額未滿500元，請加付掛號郵資50元◎
法律顧問／通律機構 台北市重慶南路二段59號11樓
台灣地區總經銷／中彰投以北(含宜花東) 高見文化行銷股份有限公司
　　　　　　電話：0800-055-365 傳真：(02)2668-6220
　　　　　　雲嘉以南 威信圖書有限公司
　　　　　　（嘉義公司）電話：0800-028-028 傳真：(05)233-3863
　　　　　　（高雄公司）電話：0800-028-028 傳真：(07)373-0087
馬新地區總經銷／城邦(馬新)出版集團 Cite (M) Sdn Bhd
　　　　　　電話：(603) 90578822 傳真：(603) 90576622
　　　　　　E-mail：cite@cite.com.my
香港地區總經銷／城邦（香港）出版集團 Cite(H.K.) Publishing Group Limited
　　　　　　電話：(852) 2508-6231 傳真：(852) 2578-9337
　　　　　　E-mail：hkcite@biznetvgator.com

2012年9月初版一刷 Printed in Taiwan  ISBN 978-957-10-4984-7

國家圖書館出版品預行編目資料

聶的嗜酒美學:挑選╳品嘗╳搭配，侍酒師帶你
入門就懂酒／聶汎勳 作.
－初版. －臺北市：尖端, 2012.09
面；公分

ISBN 978-957-10-4984-7 (平裝)

1.葡萄酒 2.品酒

463.814　　　　　　　　　　101012688

作者特別感謝／尖端出版社、Ling、楊玲宜、聶宗耀（老舅的家鄉味）、郭師傅（Pasta Mio）、國賓大飯店A CUT STEAKHOUSE、洪會
長（TSA台灣侍酒師協會）、Dorothy（Soweiso）、Sopexa法國食品協會、法蘭絲酒坊、酒堡國際、林裕森老師、陳怡樺老師（台灣酒
研學苑）、陳匡民、黃山岳（酒堡）、Wallace杜（業騰）、Stephanie Lee（法蘭絲）、陳欣欣（長榮）、Gary、惠娥姐（大同亞瑟頓）、
心世紀、蘇彥彰、Sega、Carol、吳惠雅（俊欣行）、Nikki、Toby陳（威廉彼特）、Sophia Huang（誠品）、Lisa（台中詩人酒窖）、
Philippe Tsai（Treasury Wine）、陳熙倫、阿慢答、Ingrind、icheers愛酒窩、Lori（Fre derique Constant 葳鑠）、馨亞法式餐廳。

## 馨亞法式餐廳 Le Jardin

憑卷享「滿千折百」優惠

始於2001年，餐廳的氛圍誠如她的名稱「花園」一般，充滿歐陸鄉間私墅感。道地的美食佳釀與貼切的服務，讓您輕鬆優雅地感受法式情調。店內並不定時舉辦Wine & Dine餐酒活動，提供葡萄酒愛好者們一個專業的品酒環境。

- 台北市士林區天母中山北路7段14巷15號1樓
- 預約專線：02-2877-1178 / 2873-3433
- www.le-jardin.com.tw ▪ Facebook：Le Jardin 馨亞餐廳

---

## 台灣酒研學苑 Taiwan Wine Academy

憑卷享 課程折價 $800

成立於2009年，台灣第一品酒教育機構，由知名國際品酒認證組織審核與授權，承辦課程來自英國葡萄酒與烈酒教育基金會（WSET）、美國國際侍酒師協會（ISG）與日本酒侍酒研究會（SSI）。獨創專業五感教學已受500位以上學員肯定，是一個可以改變你生命價值的品酒教育機構，無論你是初學者、業餘愛好者或是業界人士，歡迎加入我們！

- 台灣酒研學苑 Taiwan Wine Academy
- www.wineacademy.tw
- Facebook：台灣酒研學苑 Taiwan Wine Academy
- 報名專線：0978-210-250（行動客服）

---

## iCheers愛酒窩 葡萄酒的線上亞馬遜

憑卷享 好康 E-coupon 優惠

台灣第一家結合專業知識、品味，與便利性的葡萄酒商務平台：

* **酒款品項最多**：上百支優質葡萄酒可供選擇，窩在家裡即可享受美酒送到府
* **專業知識掛帥**：詳盡介紹全球各大產區與品種，人人都可以成為葡萄酒專家
* **分類找酒功能**：十多種找酒方式，滿足每位消費者想品飲的當下

現在就上iCheers愛酒窩一探究竟！
- 客服電話：02-2926-3667
- www.icheers.tw ▪ Facebook：iCheers 愛酒窩

## ▌憑卷享「滿千折百」優惠 ▌

即日起至Le Jardin馨亞餐廳用餐消費，單筆消費滿NT$1,000現抵NT$100、滿NT$2,000現抵NT$200，依此類推，最高可折抵金額上限為NT$1,000。

使用前請先來電預約，並填妥資料，於點餐前出示本券交予服務人員。需持抵用券正本，影印本無效。單筆消費限使用一張抵用券，本券僅限使用乙次，使用後回收。本券不得與其他優惠活動或餐酒會合併使用，亦不得要求退換現金。本券請於2013年10月31日前使用，逾期無效。

### ▌顧客資料

姓名：　　　　　　　　　　　電話：

E-Mail：

## ▌憑卷享課程折價 $800 ▌

憑卷報名下列任一課程，可享學費折價NT$ 800：

WSET入門葡萄酒認證課程

WSET中級葡萄酒與烈酒認證課程

ISG一級葡萄酒侍酒師認證課程

請於2013年10月31日之前使用本卷，逾期無效。

### ▌學生資料

| 姓名： | 出生年月日： |
|---|---|
| 電話： | E-Mail： |

## ▌憑好康e-coupon　享美酒優惠 ▌

iCheers愛酒窩全館數百支葡萄美酒，任君挑選。

滿NT$1,000即可現抵NT$100，滿NT$2,500即可現抵NT$300！

現在就email至iCheers客服中心，填寫入以下資料，即可一次獲得總價NT$500的三組好康e-coupon序號！

單筆交易限用一組序號。

本活動於2013年10月31日結束，逾期無效。

### ▌E-mail主旨：我要索取好康e-coupon！

| 姓名： | 出生年月日： |
|---|---|
| 電話： | E-Mail： |

iCheers愛酒窩：www.icheers.tw　　向客服索取序號：service@icheers.tw